气候变化科学丛书

全球气候治理与碳中和

巢清尘　高　云　陈文颖　主编

科学出版社
北　京

内 容 简 介

本书基于政府间气候变化专门委员会（IPCC）第六次评估报告（AR6）第三工作组报告和综合报告有关结论、《联合国气候变化框架公约》（UNFCCC）进程发展，从气候变化问题切入，介绍了全球气候治理制度体系发展、行动进程，阐述了气候变化与碳中和的关系及其背景，进一步分析了全球碳排放趋势，以及各国实现碳中和的政策措施和能源转型路径，最后从全球合作视角阐释了全球可持续发展的愿景。

本书可作为气候变化相关专业师生的学习辅导书，也可供相关领域科技工作者和对气候变化感兴趣的读者研究参考。

图书在版编目（CIP）数据

全球气候治理与碳中和 / 巢清尘, 高云, 陈文颖主编. -- 北京：科学出版社, 2025. 3. -- (中国科学院大学研究生教学辅导书系列) (气候变化科学丛书). -- ISBN 978-7-03-081364-0

Ⅰ. P467; X511

中国国家版本馆 CIP 数据核字第 2025W39M80 号

责任编辑：董 墨 赵 晶 / 责任校对：郝甜甜
责任印制：徐晓晨 / 封面设计：无极书装

科 学 出 版 社 出版
北京东黄城根北街 16 号
邮政编码：100717
http://www.sciencep.com

北京中科印刷有限公司印刷
科学出版社发行 各地新华书店经销
*
2025 年 3 月第 一 版 开本：720×1000 1/16
2025 年 3 月第一次印刷 印张：12 3/4
字数：250 000
定价：118.00 元
（如有印装质量问题，我社负责调换）

本书编写委员会

主　编　巢清尘　高　云　陈文颖

编　委　高　翔　黄　磊　张永香

丛 书 序 一

    气候是人类赖以生存发展的基本条件之一，在人类历史进程中发挥着至关重要的作用。然而，自工业革命以来，全球气候因人类排放温室气体增多而不断升温，并演变为以加速变暖为主要特征的系统性变化。政府间气候变化专门委员会（IPCC）第六次评估报告显示，气候变化范围之广、速度之快、强度之大，是过去几个世纪甚至几千年前所未有的，至少到 21 世纪中期，气候系统的变暖仍将持续。快速变化的全球气候已经对自然系统和经济社会多领域造成不可忽视的影响，成为当今人类社会面临的最为重大的非传统安全问题之一。进入 21 世纪，大量珊瑚礁死亡、亚马孙雨林干旱、大范围多年冻土融化、格陵兰冰盖和南极冰盖加速退缩等非同寻常的事件接连发生。随着气候系统的变化愈演愈烈，一些要素跨越其恢复力阈值，发生不可逆变化可能性越来越大，这威胁着人类福祉和可持续发展。

    气候变化科学已逐渐由最初的气候科学问题转变为环境、科技、经济、政治和外交等多学科领域交叉的综合性重大战略课题。习近平总书记和党中央一直高度重视应对气候变化工作，党的二十届三中全会通过了《中共中央关于进一步全面深化改革 推进中国式现代化的决定》，明确提出积极应对气候变化，完善适应气候变化工作体系。中国气象局正组织深化落实《中共中央 国务院关于加快经济社会发展全面绿色转型的意见》，加快构建气候变化研究型业务体系，强化应对气候变化科技支撑。我很高兴地看到，继《气候变化科学概论》于 2018 年出版以来，IPCC 第四次和第五次评估报告第一工作组联合主席、中国气象局前局长秦大河院士带领 IPCC 中国作者团队，融合自然科学、社会科学等领域的最新知识，历时五年精心打造了受众广泛的"气候变化科学丛书"。相信这套丛书的出版一定可以为提高读者气候变化科学认知、加强社会应对气候变化能力、促进国际合作与交流带来积极影响。

    气候变化带给人类的挑战是现实的、严峻的、长远的，极端天气气候事件已经给全球经济社会发展造成前所未有的影响，应对气候变化已成为全球各国密切关注的共同议题。早期预警是防范极端天气气候事件风险、减缓气候变化影响的第一道防线，可以极大减少经济损失和人员伤亡，是适应气候变化的标志行动。中国气象局与世界气象组织和生态环境部签署了关于支持联合国全民早期预警倡议的三方合作协议，共同开发实施应对气候变化南南合作早期预警项目，搭建了推动全球早期预警和气候变化适应能力提升的交流合作平台；同时签署了《共建"一带一路"全民早期预警北京宣言》，呼吁各方支持联合国全民早期预警倡议、全球发展倡议和全球安全倡议。在《联合国气候变化框架公约》第二十九次缔约方大会上，中国发布《早期预警促进气候变化适应中国行动方案（2025—2027）》，将助力提升发展中国家早期预警和适应气候变化能力，推动构建更加安全、更具气候韧性的未来。

　　"地球是个大家庭，人类是个共同体，气候变化是全人类面临的共同挑战，人类要合作应对。"习近平总书记在党的二十大报告中就推动绿色发展与促进人与自然和谐共生作出重要部署，强调"积极稳妥推进碳达峰碳中和"和"积极参与应对气候变化全球治理"。"气候变化科学丛书"的出版，是完善气候变化工作体系的重要一环，为全面落实《气象高质量发展纲要（2022—2035 年）》奠定了重要科学基础。让我们共同为应对气候变化、践行生态文明、实现人类可持续发展作出积极努力。

中国气象局党组书记、局长

2025 年 1 月

丛书序二

近百年以来，全球正经历着以全球变暖为显著特征的气候变化，这深刻影响着人类的生存与发展，是当今国际社会面临的共同重大挑战。在习近平新时代中国特色社会主义思想特别是习近平生态文明思想指导下，中国持续实施积极应对气候变化国家战略，努力推动构建公平合理、合作共赢的全球气候治理体系。2020年9月22日，习近平主席在第75届联合国大会一般性辩论上做出我国二氧化碳排放力争于2030年前达到峰值、努力争取2060年前实现碳中和的重大宣示，这是基于科学论证的国家战略需求，对促进我国经济社会高质量发展、构建人类命运共同体具有非常重要的现实意义。

科学认识气候变化，是应对气候变化的基础。我国是受气候变化影响最大的国家之一。实现中华民族永续发展，要求我们深入认识把握气候规律，科学应对气候变化。中国科学院高度重视气候变化科学研究，围绕气候变化科学与应对开展了系列科技攻关，并与中国气象局联合组织了四次中国气候变化科学评估工作，由秦大河院士牵头完成《中国气候与生态环境演变：2021》等评估报告，系统地评估了中国过去及未来气候与生态变化过程、其带来的各种影响、应采取的适应和减缓对策，为促进气候变化应对和服务国家战略决策提供了重要科技支撑。

自2015年以来，秦大河院士领衔来自中国科学院、中国气象局、国家发展改革委等部门相关单位以及北京大学、清华大学、北京师范大学、中山大学等高校的顶尖科学家团队参与政府间气候变化专门委员会（IPCC）评估报告撰写及国际谈判，率先在中国科学院大学开设了"气候变化科学概论"课程，并编写配套教材《气候变化科学概论》，我也为该教材作了序。作为国内率先开设的全面、系统讲授气候变化科学最新研究进展的课程，"气候变化科学概论"在全国范围内产生了广泛影响，授课团队还受邀在北京大学、清华大学、南京大学、北京师范大学、中山大学、兰州大学、云南大学、南京信息工程大学、重庆工商大学等高校同步开课。该课程获得2020年中国科学院教育教学成果奖一等奖，为气候变化科学的发展和中国科学院大学"双一流"学科建设做出了重要贡献。

气候变化科学涉及的内容非常丰富，一本《气候变化科学概论》远不足以涵盖各个方面。在秦大河院士的带领下，授课团队经过近五年的充分准备，组织编写了"气候变化科学丛书"。这是国内第一套系统、全面讲述气候变化科学及碳中和的丛书，内容从基础理论到气候变化应对、适应与减缓政策，再到国际谈判、碳中和，科学系统地普及了气候变化科学最新认知和研究进展。在当前中国提出碳中和国家承诺背景下，丛书的出版不仅对于认识气候变化具有重要的科学意义，也对各行各业制定碳中和目标下的应对措施具有重要的参考价值。在此，我对丛书的出版表示热烈祝贺！希望秦大河院士团队与各界同仁一起，继续深入认识气候变化的科学事实，在此基础上进一步提升应对气候变化科技支撑水平和服务国家战略决策的能力，为实现碳达峰碳中和和人类命运共同体建设作出更大贡献！

中国科学院院士

2025 年 1 月

丛书序三

    人类世以来，人类活动对地球的作用已经远超自然变化和历史范畴，创造了一个人类活动与环境相互作用新模式的新地质时期。气候变化是人类世最显著的特征之一，反映了人类活动对气候系统的深远影响。20世纪50年代，随着科学家对大气、冰芯和海洋二氧化碳含量的测量取得关键突破，气候变化科学研究进入"快车道"。20世纪末，科学家们逐渐认同气候变化会对人类的生存和发展构成挑战，政府间气候变化专门委员会（IPCC）发布第一次评估报告。这份报告的主要结论也为推动《联合国气候变化框架公约》的制定与通过提供了重要科学依据，其最终目标设定为"将大气中温室气体的浓度稳定在防止气候系统受到危险的人为干扰的水平上，从而使生态系统能够自然地适应气候变化，确保粮食生产免受威胁，并使经济发展能够可持续地进行"。

    IPCC第六次评估报告显示，人类活动毋庸置疑已引起大气、海洋和陆地的变暖，全球变暖对整个气候系统的影响是过去几个世纪甚至几千年来前所未有的。近期全球温室气体排放仍在攀升，与气候变化相关的极端灾害事件频发，气候变暖已对全球和区域水资源、生态系统、粮食生产和人类健康等自然系统和经济社会产生广泛而深刻的影响。气候变化关乎全球环境和经济社会的平稳运行，需要全球共同努力，及时采取应对行动。

    纵观人类世历史，我们既可以看到人类活动造成气候变化所引起的挑战，也不应忽视人类在应对生存和发展问题时所展现出的智慧与创造力，以及推动文明进步的能力。中国提出了生态文明建设、人类命运共同体等中国方案，重视生态平衡、自然恢复力、减污降碳协同，并将这些绿色要素纳入到新质生产力的内涵，将积极应对气候变化作为实现自身可持续发展的内在要求。加强国际合作是全球气候治理不变的主旋律。通过携手推动绿色低碳转型，在降低发展的资源环境代价的同时，能够为可持续发展注入动力并增强潜力。

    气候变化科学进步是推动全球气候治理和实现可持续发展的关键力量，当前全球对于气候变化的认识和基于科学的解决方案有着迫切需求。"气候变化科学丛书"应运而生。丛书共包含十六册，每册聚焦气候变化科学的不同维度，涵盖从古气候到当前观测再到未来预估，从大气圈到水圈再到生物圈，从全球到区域再到国家，从气候变化影响到检测归因再到科学应对，共同构成了一个全面性、系统性的气候变化科学框架。

　　本丛书的编纂汇聚了一批学术成就卓越、教学经验丰富的专家学者，他们亲自执笔，针对各册不同主题方向贡献权威科学认知和最新科学发现，促进跨学科对话，并以深入浅出的方式帮助读者理解气候变化这一全球性挑战。相信本丛书的出版将有助于提升气候变化科学知识的普及，促进气候变化科学的发展，助力"双碳"人才的培养。同时也希望这些知识能够激发气候行动，形成全社会发出合力共同应对气候变化挑战的良好氛围！

中国科学院院士

"气候变化科学丛书"总主编

2024 年 12 月

前　言

近百年以来，全球气候变暖已是不争的事实。2019 年，全球平均气温比工业化前（1850～1900 年平均值）高出 1.09℃。气候变暖为人类当代及未来生存空间带来严重威胁和巨大挑战。随着人们对气候变化认知的不断深入，全球气候治理的行动也不断增强和加速。全球气候治理是一个长期而复杂的过程，需要全球各国的共同努力和合作。2023 年 11 月，《联合国气候变化框架公约》（UNFCCC）第二十八次缔约方大会在阿拉伯联合酋长国召开，超过 8 万人参与该次大会。大会的重要议题就是全球盘点，旨在全面审视全球在气候行动和支持方面的进展和差距，并共同努力就 2030 年前及之后的解决方案达成一致。

应对气候变化是一项系统工程，事关各行各业、国计民生。中国作为世界上最大的发展中国家，在全球气候治理进程中提出了合作共赢、构建人类命运共同体的中国方案，为应对气候变化国际进程作出了历史性贡献。习近平主席亲自出席巴黎气候变化大会并率先批准《巴黎协定》，2020 年 9 月以来，习近平主席多次在重要场合重申，中国将采取更加有力的政策和措施，二氧化碳排放力争于 2030 年前达到峰值，努力争取 2060 年前实现碳中和。碳达峰、碳中和目标是一个涉及科学、政治、经济、技术、生活等多个方面的复杂命题。实现碳达峰、碳中和目标离不开全社会的共同努力。未来需要进一步加强科学技术的创新和应用、推动低碳经济的发展、加强生态环境的保护和恢复、完善全球合作和国际制度等方面的工作，以实现更好的全球气候治理效果，为人类社会的可持续发展作出贡献。

为加强社会各界对全球气候治理、碳中和目标和实现路径的系统认识，本书编写团队联合编写了"气候变化科学丛书"之《全球气候治理与碳中和》。从气候变化问题及其性质、影响与风险，全球气候治理的制度体系和行动进程，气候变化与碳中和，全球和主要国家碳排放趋势和碳中和政策，碳中和目标下主要国家能源转型路径，未来展望等方面对全球气候治理与碳中和的基础知识进行深入浅出的阐述，同时结合最新的科学研究成果和政策方案，以期能够为提高社会各界对全球气候治理和碳中和工作的科学认知作出积极贡献。

本书第 1 章由高云完成，第 2 章由高翔完成，第 3 章由张永香完成，第 4 章由黄磊完成，第 5 章由巢清尘完成，第 6 章由陈文颖完成，第 7 章由高云完成。全书最终由巢清尘和张永香统稿审定。感谢国家气候中心对本书出版的支持，感谢各位审稿人在百忙之中对本书的评审！

感谢中国科学院大学教材出版中心资助。

由于编写时间有限，不当之处在所难免，恳请广大读者批评指正，以便再版时及时修改补充。

作　者
2023 年 12 月

目　　录

第 1 章

绪　　论

以变暖为特征的全球气候变化深刻影响着人类的生存和发展，是当前国际社会面临的共同挑战。"全球治理"是指在没有世界政府的情况下，国家（也包括非国家行为体）通过谈判协商，为解决各种全球性问题而建立的国际规则和机制的总和。《联合国气候变化框架公约》（以下简称公约）（United Nations Framework Convention on Climate Change，UNFCCC）第二条所确立的最终目标是："将大气中温室气体的浓度稳定在防止气候系统受到危险的人为干扰的水平上。"简单而言，全球气候治理的进程，就是国际社会为实现这一目标，就各自的责任义务开展政治谈判，建立制度体系和采取行动的过程。作为全球治理的一个重要领域，应对气候变化的全球努力是一面镜子，给我们思考和探索未来全球治理模式、推动建设人类命运共同体带来宝贵启示[①]。

与此进程相对应的是，国际社会对气候变化问题认知的逐渐深化，以及人们对大规模化石能源的使用，乃至人们对人类社会发展方式、人与自然关系的反思。直面气候变化对全人类的共同挑战，控制气候变化风险，"人类需要一场自我革命，

---

① 习近平.《携手构建合作共赢、公平合理的气候变化治理机制》巴黎气候变化大会开幕式上的讲话. 2015 年 11 月 30 日。

加快形成绿色发展方式和生活方式，建设生态文明和美丽地球"[①]。根据气候变化科学评估的最新评估结论，实现碳中和成为国际社会努力应对气候变化的一个长期目标。中国作为发展中大国，力争在 2060 年前实现碳中和，有助于将应对气候变化的挑战和压力转变为推进绿色低碳发展的机遇和动力，实现气候保护与经济社会发展的共赢。这一郑重承诺，无论是在推进中国生态文明建设还是在参与全球气候治理的层面，带来的影响都将是变革性的。

1.1 气候变化问题及其性质

在我们开始讨论全球气候治理、讨论实现"碳中和""碳达峰"之前，首先需要理解何为气候变化应对，或者说全球气候治理所针对的气候变化问题的准确含义，以及为什么这个问题需要通过国际政治谈判和制度建设加以解决。

1.1.1 气候系统、气候与气候变化

气候系统是由大气圈、水圈、冰冻圈、岩石圈（陆地表面）和生物圈（包括人类活动）五个部分及其相互作用而组成的高度复杂系统。在太阳辐射能的输入驱动下，气候系统各圈层内部及圈层之间通过物理、化学和生物过程进行复杂的物质和能量交换，相互作用、相互影响，并在不同时间和空间尺度下呈现出复杂多样的变化特征。这些变化既受到气候系统内部动力过程的制约，也受到外部强迫的影响（丁一汇，2010）。

从气象学的角度，天气是指在地球对流层一定区域内发生的短时大气现象，如阴晴、风雨、冷暖、干湿；气候是指月、季、年、数年到数百年及以上的时期内，某地温度、降水等气象要素和天气现象的平均状况，体现的是某一地区冷暖干湿等基本特征，一般表述为某一时期的气象要素的平均值和离差值，如中国东南地区湿润多雨，西北地区干旱少雨，这都是对某地气候特征的描述。气候变化是指全球或某一区域的气候平均值或离差值发生显著变化，平均值升降体现的是

---

① 习近平. 第七十五届联合国大会一般性辩论. 2020 年 9 月 22 日。

气候平均状态的变化；离差值增大体现的是气候状态不稳定性的增加，平均气温、降水，以及极端高低温、强降水、干旱等天气气候事件发生的频率出现显著变化。从气候系统的角度，全球气候变化不仅仅体现在大气圈的变化上，水圈如海平面上升、冰冻圈如海洋和陆地冰川退化、生物圈如动植物适宜区向南北高纬度地区的移动等，都是全球气候变化的重要表现。

1.1.2　气候变化的自然和人为驱动因子

从归因上看，气候变化的驱动因子包括自然和人为两个方面。自然方面主要包括地球轨道的变化、大型火山活动以及气候系统内部不同圈层或子系统之间的相互作用等，其中气候系统内部的相互作用和反馈是形成年际、年代际、世纪及千年尺度变率的重要原因，如水汽反馈、冰雪反照率反馈、云的反馈等，以及海洋和大气之间的反馈、植被变化影响的生物化学反馈等，而地球轨道要素外部强迫的变化，如黄赤交角变化导致的地球接收太阳辐射总量及分布变化，是冰期、间冰期等气候系统万年尺度变化的重要原因。

一般认为，人为方面主要包括两种方式：一是工业革命以来，人类大规模开采使用（燃烧）煤炭、石油等化石能源，向大气中排放大量具有温室效应的二氧化碳（CO_2）、氧化亚氮（N_2O）和甲烷（CH_4）等温室气体；二是通过大规模土地开垦、城市建设等土地利用和土地利用变化改变地表的性质。根据温室效应理论，虽然大气中 CO_2 气体仅占空气体积总量的 0.03%～0.04%，但如果没有地球的自然"温室效应"，地球表面平均气温将为-18℃，而非现在的 15℃，地球将处于冰冻状态。但如果人类活动排放的温室气体远远超过自然碳汇的吸收能力，大气中温室气体含量的不断增加将会改变气候系统的辐射收支平衡，从而强化温室效应。这个理论经过了实验室验证，是用于解释行星大气温度的基本物理定理。

1.1.3　气候变化归因的评估结论

国际社会对气候变化问题的关注源于科学研究和评估的推动。为全面探寻全球气候变化的原因及其影响,世界气象组织和联合国环境规划署于 1988 年共同发起成立了政府间气候变化专门委员会(Intergovernmental Panel on Climate change,IPCC),由各国政府推荐的科学家,以科学问题为切入点,在全世界公开发表的研究成果的基础上,评估气候变化有关科学、影响、适应与减缓方面的最新进展。IPCC 评估的气候变化既包括自然原因导致的气候变化,也包括人为原因导致的气候变化。

从成立至今,IPCC 一共发布了 6 次综合评估报告,这些报告在程序上经过了严格的专家和政府评审,是国际社会对气候变化科学认识方面权威和主流的共识性文件。其中,1990 年发布的第一次评估报告(FAR)首次指出,人类活动引起的排放正在显著增加大气中温室气体的浓度。1995 年发布的第二次评估报告(SAR)在第一次评估报告结论的基础上,进一步指出全球变暖"不太可能全部是自然界造成的",人类活动对全球气候系统造成的影响已经"可以辨别"。2001 年发布的第三次评估报告(TAR)在归因上进一步明确,过去近 50 年观测到的大部分升温可能(likely 66%以上可能性)是人为温室气体排放增加造成的。2007 年发布的第四次评估报告(AR4)明确提出,全球变暖是不争的事实,近半个世纪以来的气候变化"很可能"(very likely 90%以上可能性)是人类活动所致。2013 年第五次评估报告(AR5)指出,观测到的 1951~2010 年全球地表平均温度的上升,有一半以上非常可能(extremely likely 95%以上可能性)是由人为温室气体浓度增加和其他人类强迫共同导致的。IPCC 第六次评估报告(AR6)的结论是,人类活动导致气候变暖是毋庸置疑的(unequivocal),大气圈、海洋、冰冻圈和生物圈都已经发生了广泛而迅速的变化。

总体而言,IPCC 评估报告用一次比一次更为丰富的多元观测证据、研究结论和模拟结果强调了全球变暖及其影响的真实性和严峻性,并在气候变化问题的归因上得出了一次比一次确定的结论。IPCC 第六次评估报告(AR6)指出,人为温室气体排放量、大气温室气体浓度和全球温升之间并不体现为明显的同步变化,但全球温升幅度与全球二氧化碳累积排放量之间存在着准线性关系,每增加 1 万亿 t CO_2 排放,将导致全球地表平均气温上升 0.27~0.63℃(最佳估计值为 0.45℃)(IPCC,2021)。

1.1.4 气候变化与社会经济发展

人类活动排放的温室气体种类主要有 CO_2、CH_4、N_2O，以及氢氟碳化物（HFCs）、全氟碳化物（PFCs）和六氟化硫（SF_6）等（自然界中水汽是最重要的温室气体，但人类活动对大气中水汽含量的直接影响非常小，且水汽的自然循环周期较短，这里不作讨论）。由于大气中 CO_2 的总量在所有上述温室气体中所占比重最大，总体增温效应最强，滞留在大气中的时间也很长，与许多人类生产生活活动的关系最为密切，被认为是最重要的温室气体。根据 IPCC 第六次评估报告的结论，自工业化到 2019 年底人类活动已累计排放了 23900 亿 t CO_2，2019 年大气中 CO_2 浓度 410ppm[①]为 200 万年来最高水平，CH_4 和 N_2O 浓度为 80 万年来最高水平，这导致全球地表平均气温比工业化前水平升高了 1.09℃。

人类很多活动都会排放温室气体，常见的包括煤、石油等化石能源的燃烧和开采过程，钢铁、电解铝等工业生产过程，水稻种植和反刍动物饲养等农业和畜牧业生产过程，以及废弃物处理和土地利用变化等。这些活动涉及各国的能源结构安全、工农业发展布局、社会生活和消费方式等，控制温室气体的排放就是要对上述领域及其活动进行大幅的调整和限制，这对任何国家而言都意味着巨大的社会经济成本。而处于不同发展阶段的国家在气候变化问题上的责任不同，具有不同经济结构和不同现实国情的国家各自的优先事项也具有巨大的差异。因此，关于气候变化及其应对行动的讨论，尤其是对全球及各国人为温室气体减限排的要求，就由最初的科学问题转化为涉及环境、科技、经济、政治和外交等多学科、多领域交叉的综合性重大战略问题，其事关各国各地区的发展权（发展空间）、事关全球治理体系及各方在全球治理中的主导权。

1.2 气候系统面临的风险

根据 IPCC 第六次评估报告的结论，人类活动导致的气候变暖已毋庸置疑，气

---

① 1ppm=10^{-6}。

候变化带来的风险正在威胁着自然界和人类社会，人类需要迅速合作采取有效行动，以绿色低碳的方式实现全球的可持续发展。

1.2.1   气候系统已经发生深刻变化

IPCC 第一工作组报告《气候变化 2021：自然科学基础》指出，2011～2020 年全球地表温度比工业革命时期上升了 1.09℃，其中约 1.07℃ 的增温可以归因为人类活动，1970 年以来的 50 年是过去 2000 年以来最暖的 50 年。全球气候变暖不仅仅体现在全球平均温度的上升，2019 年全球 CO_2 浓度达 410ppm，高于 200 万年以来的任何时候；1901～2018 年全球平均海平面上升 0.20m，升速大于过去 3000 年中的任何一个世纪；1997～2019 年北极 9 月海冰范围为过去 1000 年最小，平均每 10 年减少 12.9%；2006～2015 年全球冰川冰量每年损失 2780 亿 t，冰川退缩在 2000 年最严重（图 1-1）。

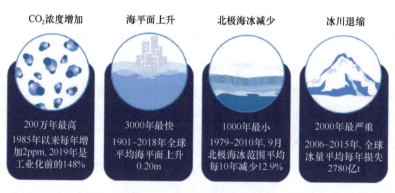

图 1-1   当前气候变化现状

总体而言，评估认为，在人类活动的影响下，气候系统各圈层包括大气圈、海洋、冰冻圈和生物圈发生了广泛而迅速的变化，正处于过去几个世纪甚至几千年来前所未有的状态。观测到的热浪、强降水、干旱和热带气旋等极端事件变化的证据，特别是人类影响导致的极端事件变化的证据有所加强。尤为明显的是，自 20 世纪 50 年代以来，全球绝大部分地区极端高温事件的频率和强度在增加，而极端低温事件的频率和强度在下降。全球海洋热浪的数量自 1980 年以来增加了近 1 倍。1950 年以来极端降水事件在大部分有观测资料的区域都呈增加趋势；复合极端事件在全球多个地区都呈现出更为频发的趋势，包括高温干旱复合事件、导致森林火灾的天气条件，以及河口及海岸带常见的复合性洪水事件等。

1.2.2 全球气候变暖的趋势持续

相比工业化前（1850～1900 年），到 21 世纪中期（2041～2060 年），全球平均温度将在高排放（SSP3-7.0）和很高排放（SSP5-8.5）两种不进行减缓的情景下分别升高 2.1℃和 2.4℃，全球温升将达到 2℃阈值；在很低（SSP1-1.9）、低（SSP1-2.6）和中等（SSP2-4.5）情景下将分别升高 1.6℃、1.7℃和 2.0℃。21 世纪中期时，不同情景下全球绝大多数陆地和海洋的气温都将比基准期 1995～2014 年要高，且升温的面积比例随着全球平均温升幅度升高而扩大。

未来水循环强度将增加。随着未来变暖幅度增大，降水变化将表现出明显的季节和区域差异。全球陆地范围内，季节降水发生明显变化的区域将会增加。在融雪径流主导的区域，未来春季融雪将提早，而夏季径流峰值将增大。在 21 世纪中期和末期，全球范围内的季风降水预计将增加，特别是南亚和东南亚、东亚和除萨赫勒西端外的西非。大气可降水量增幅的情景间差异较大，不同情景下陆地平均值将增加 6%～15%，对应着极端降水的增加。

气候变化对海洋的影响将持续。相比 1995～2014 年，全球平均海平面将在 2050 年上升 0.18～0.23m，2100 年上升 0.38～0.77m。沿海地区的海平面将在 21 世纪持续上升，并导致沿海海岸的侵蚀及低洼地区更为频繁和严重的洪水事件。到 21 世纪末，以往百年一遇的极端海平面事件可能每年都会发生。

冰冻圈退缩将加剧。全球温升每增加 1℃，多年冻土上层的体积将减少 25%，北半球春季积雪的覆盖度将减少 8%。预计在 2015～2100 年，全球冰川将减少 18%～36%。21 世纪内格陵兰冰盖和南极冰盖都将继续减少（图 1-2）。北极的增温速度将继续超过全球平均，是全球变暖速度的两倍以上。2050 年之前，北极可能在 9 月出现一次"无冰"状态。

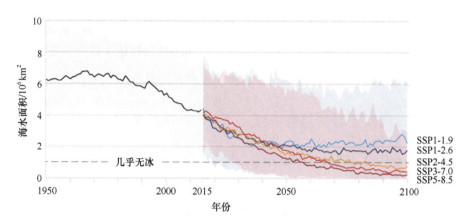

图 1-2   不同情景下北极 9 月海冰面积的变化

格陵兰冰盖和南极冰盖将在 21 世纪内持续损失。由于深海持续变暖和冰盖持续融化，海平面可持续上升数百至数千年。在接下来的 2000 年里，如果升温限制在 1.5℃，全球平均海平面将最终上升 2～3m；如果升温限制在 2℃，则全球平均海平面将最终上升 2～6m；如果升温 5℃，全球平均海平面将最终上升 19～22m，并且在随后的几千年里还可能将继续上升。

1.2.3   气候系统面临的风险

气候变化带来的风险将随着全球升温加剧而增加，就近期（2021～2040 年）而言，风险主要取决于暴露度和脆弱性的变化。IPCC 评估认为，全球升温幅度超过 1.5℃可能导致的不可逆影响包括：海冰和冰山融化对极地和高山区造成的影响，海平面上升对沿海生态系统造成的影响等，同时不能排除发生类似南极冰盖崩塌、温盐环流崩溃、森林枯死等气候系统突变。无论是气候平均状况还是极端事件的变化，都会对气候变化相关部门，如农业、基础设施等产生影响，并向着自然系统和人类社会的众多方面传递。

极端高温事件。随着全球变暖水平的升高，在全球和大陆尺度及几乎所有有人居住的地区，极端高温事件的频率和强度将继续增加，而极端寒冷事件的频率和强度将继续下降。与全球变暖 1.5℃时相对于目前的变幅相比，极端事件强度的变化在 2℃时至少会增加 1 倍; 在全球变暖 3℃时会增加 4 倍。在大多数陆地区域, 炎热白天和炎热夜晚发生频率, 热浪持续时间、频率和强度都会增加, 极端温度强度的变化很可能与全球变暖的变化成正比, 最高可达 2~3 倍。

极端降水事件。随着全球变暖的加剧, 强降水事件的频率和强度会增加。在全球尺度上, 强降水量的增加将遵循大气变暖时可容纳的最大水汽含量的增加速率, 即全球变暖每升高 1℃, 强降水事件大约增加 7%。强降水事件频率的增加将随着变暖幅度增大而加剧, 且极端事件频率的变化更加剧烈; 如 10 年一遇和 50 年一遇事件的频率在全球变暖 4℃下可能分别增加 1 倍和 3 倍。

极端干旱事件。随着全球变暖, 未来蒸发需求将会增加。由于降水减少和蒸发需求增加, 在地中海、非洲南部、北美洲西南部、南美洲西南部、澳大利亚西南部, 以及中美洲和亚马孙盆地等地区, 土壤湿度在 21 世纪将会减少, 变得更干燥, 并且干旱的持续时间和严重程度可能会增加。即使在低排放情景下或者全球变暖水平稳定在 1.5~2.0℃, 干旱亦将发生很大变化, 并对区域水资源供应、农业和生态系统造成影响。

自然系统面临的气候风险。气候变化的影响广泛存在于陆地、淡水及沿海生态系统, 以及这些生态系统对人类的服务, 也会导致物种损失和灭绝, 影响生物多样性。IPCC 的 1.5℃特别报告所研究的 105000 个物种中, 在半数以上由气候决定地理范围的物种中, 全球升温 1.5℃预估会损失 6%的昆虫、8%的植物、4%的脊椎动物; 而全球升温 2℃会损失 18%的昆虫、16%的植物、8%的脊椎动物。全球升温会使许多海洋物种的分布转移到较高纬度地区, 并增加许多生态系统的损害数量, 预计还会引起沿海资源的损失并降低渔业和水产养殖业的生产率, 在低纬度地区将尤为明显。

复合型极端事件。全球变暖背景下, 高温干旱复合型极端事件发生概率会增加, 包括欧洲、欧亚大陆北部、澳大利亚东南部、美国大部分地区、中国西北部和印度等。在地中海和中国大兴安岭地区, 高温干旱事件频率的增加可能会导致野火灾害的增加。高排放情景下, 2100 年全球复合洪水的概率将平均增加 25%以上。海平面的继续上升及其与风暴潮及河流洪水之间的相互作用将导致沿海地区更频繁和更严重的复合洪水。

城市灾害应对的风险。城市在局地尺度上加剧了人类活动引起的升温，而城市化本身和极端高温事件的叠加效应将扩大热浪风险的严重程度。在沿海城市地区，海平面上升、风暴潮及其与极端降水或径流事件的叠加，将增加城市洪水泛滥的风险。

水资源和农业。根据未来的社会经济状况进行预估，如果可以将升温目标从2℃限制到1.5℃，全球暴露于气候变化引起的缺水加剧的人口比例将减少50%，许多小岛屿发展中国家面临的预估干旱变化造成的缺水压力将更小。未来温升幅度加大还会带来减产、作物质量下降等问题，预估玉米、水稻、小麦和可能的其他谷类作物的净减产幅度会加大，尤其是在撒哈拉以南非洲、东南亚以及中美洲和南美洲；水稻和小麦 CO_2 依赖型营养质量净下降幅度也会加大。在萨赫勒、非洲南部、地中海、欧洲中部和亚马孙，粮食供应的减少量会进一步加剧。随着温度上升，牲畜可能也会受到不利影响，但这取决于饲料质量的变化程度、疾病的扩散及水资源可用率。

人居环境。当前全球有 33 亿~36 亿人生活在气候变化高度脆弱环境中。其中，全球约有 400 万人永久居住在北极地区；约有 6.8 亿人口（2010 年约占全球人口的 10%）居住在地势低洼的沿海地区，到 2050 年预估将超过 10 亿人；约有 6.7 亿人（2010 年占全球人口的约 10%）生活在除南极洲以外的所有大洲的高山地区，到 2050 年高山地区的人口预估将达到 7.4 亿~8.4 亿人（预计将占全球人口的 8.4%~8.7%）（IPCC，2019）。升温会放大小岛屿、低洼沿海地区及三角洲许多人类和生态系统对海平面上升相关风险的暴露度，冰川、积雪和冻土在未来几十年里可能会继续发生变化。对于亚洲高山区，21 世纪末的冰川物质将损失 42%~71%，比全球平均高一倍。伴随区域大幅升温，冰湖溃决灾害及冰川泥石流将趋于活跃，特大灾害和巨灾发生的频率可能增大。多年冻土退化将增大铁路、公路路基工程的失稳风险。

人类健康。伴随全球升温加剧，人类健康受到的影响也会增大，高温相关发病率和死亡率会更高。城市热岛也往往会放大城市热浪的影响，加剧对人类的影响。疟疾和登革热等一些病媒疾病带来的风险预估会随着升温而加大，包括其地理范围的可能转移。在 21 世纪末温升 3.7℃时，全世界面临疟疾和登革热疾病风险的人口比例约为 89%，而这一比例在 1970～1999 年约为 76%。

综合影响风险。面临全球升温 1.5℃及以上不利后果的特别高风险的群体包括弱势群体和脆弱群体、一些原住民及务农和靠海为生的地方社区；而面临异常偏高风险的地区包括北极生态系统、干旱地区、小岛屿发展中国家和最不发达国家。随着全球升温加剧，预计某些群体中的贫困和弱势群体会增加；与升温 2℃相比，将全球升温限制在 1.5℃，到 2050 年可将暴露于气候相关风险及易陷于贫困的人口减少数亿人。全球升温会增加对气候相关的多重及复合风险的暴露度，非洲和亚洲有更大比例的人口暴露于风险和易陷于贫困。全球升温幅度增加时，能源、粮食和水行业面临的风险会在空间上和时间上出现重叠，产生新的风险并加剧现有的灾害、暴露度和脆弱性，从而影响越来越多的人口和地区。

1.3　全球气候治理的总体构架

"全球治理"是指在没有世界政府的情况下，国家和非国家行为体通过谈判协商、权衡利弊，以解决全球性问题为目标而建立的国际规则或机制的总和。全球气候治理是指从全球到区域、国家和地方及个人应对气候变化政策与行动的集合。鉴于科学界对近一个世纪以来以变暖为特征的全球气候变化归因的研究结论，以及全球气候变化可能带来的风险，全球气候治理的核心在于通过建立原则、规范和规则，形成具有制度化和法律化的渠道，实现有效的全球气候变化集体行动。

1.3.1　公约框架下的制度构建

全球气候治理的运行机制的核心是公约，在明确气候变化问题的科学性并达成一致共识的基础上，各主权国家在公约秘书处的协调下开展气候谈判，并辅以公约外的政治、经济、技术机制，主权国家、政府间国际组织和非国家行为主体多方参与，逐渐形成多层多圈、多主体博弈的复杂格局，并通过相互影响、合作，共同推动实现全球气候治理目标。

1990 年 IPCC 第一次评估报告发布，推动第 45 届联合国大会在 1990 年 12 月 21 日设立了联合国气候变化框架公约政府间谈判委员会。1992 年 6 月 4 日，公约在巴西里约热内卢召开的联合国环境与发展大会上开放签署，并于 1994 年 3 月 21 日生效，成为人类历史上第一个为全面控制二氧化碳等温室气体排放、应对全球气候变暖不利影响的国际公约。公约及其原则是国际气候治理最为基础和核心的制度安排。公约文本就原则的表述有五个条款，其中最常提及的是公平原则，即"各缔约方应当在公平的基础上，根据它们共同但有区别的责任和各自的能力，为人类当代和后代的利益保护气候系统，发达国家缔约方应当率先对付气候变化及其不利影响"。这是在全球气候治理的制度构建中最常提及也是最基本的一条原则，通常表述为"公平原则""共同但有区别的责任原则""各自能力原则"。其他原则还包括：考虑发展中国家缔约方的具体需要和特殊情况；当存在造成严重或不可逆转损害的威胁时，不以科学上的不确定性为理由推迟采取相应行动的预防原则，以及考虑当代发展的同时也考虑未来社会经济发展需要的可持续发展原则等[1]。

公约对气候变化问题有清晰的界定：气候变化指除在类似时期内所观测的气候的自然变异之外，直接或间接的人类活动改变了地球大气的组成而造成的气候变化。也就是说，在不同时空尺度驱动因子的作用下，气候系统时刻处于变化进程之中。但公约框架下讨论的气候变化问题是人类活动导致并可以通过规范人类活动避免不利影响的气候变化，而不是万年尺度上的气候变迁，也不是年际年代际气候自然因子导致的气候变率，准确地说，是工业革命以来人类活动导致的气候变化。

公约所确立的最终目标（公约第二条）是"将大气中温室气体的浓度稳定在防止气候系统受到危险的人为干扰的水平上。这一水平应当在足以使生态系统能

---

[1] 《联合国气候变化框架公约》. 1992. FCCC/INFORMAL/84 GE. 05-62219 (C) 190705 220705.

够自然地适应气候变化、确保粮食生产免受威胁并使经济发展能够可持续地进行的时间范围内实现"。公约明确发达国家和发展中国家负有"共同但有区别的责任",即作为公约缔约方均有义务采取行动应对气候变化,但发达国家对气候变化负有历史和现实的责任,理应承担更多义务;发展中国家的首要任务是发展经济、消除贫困,应在获得发达国家支持的情况下采取措施降低温室气体排放,走低碳发展的路径。总体上,关于气候变化问题及其影响应对的国际科学评估和政治谈判,或者说全球治理制度体系的建设就围绕解决公约所界定的气候变化问题,以实现公约的最终目标而展开。

作为一个联合国框架下的多边机制,在公约进程下形成具有法律约束力的成果性文件,在程序上必须严格遵循协商一致、缔约方驱动、广泛参与和透明原则,这些程序性原则确保的是无论国家大小,每个缔约方的利益和关切都能在公约的谈判过程和最终的制度构建中得到充分体现。公约只是一般性地确定了温室气体减排目标,没有法律约束力,属于软义务。就制度体系建设而言,从 1992 年 5 月 9 日通过公约,到 1997 年 12 月 11 日达成《京都议定书》,再到 2015 年 12 月 13 日达成《巴黎协定》,全球气候治理体系总体经历了由弱到强再到弱、由"自上而下"到"自下而上"的演变。1992 年达成的公约确定了"共同但有区别的责任和各自能力原则"(CBDR-RC);1997 年签署的《京都议定书》成为"自上而下"强治理模式的集中体现。但随着部分附件一国家先后拒绝批准(美国)、退出《京都议定书》(加拿大)或拒绝在《京都议定书》下承担量化减排指标(俄罗斯、日本等),"自上而下"推行强制性目标的机制逐渐失效。《京都议定书》确认的减排模式中"自上而下"的强制治理路径与主流的发展中心主义理念发生冲突,且双轨制所依据的公平基础权威性被不断挑战,发达国家和发展中国家就责任分配争论加剧,从而引发"集体行动困境"。在《京都议定书》确认的减排模式失效的情形下,全球气候治理逐步演变为一种由各类气候制度或机制组成的松散集合体或复合机制,抑或为一个以公约机制为中心的同心圆,即外圈依次由国际、国家/区域和地区圈层构成,多边、双边、其他联合国执行机构、环境公约等机制分属不同或多个圈层,但均与公约机制直接或间接相连共同组成全球气候治理的集合体。

2015 年通过、2016 年签署和生效的《巴黎协定》是在全球经济社会发展的背景下，对谈判各方的利益诉求不断调整和高度平衡的结果。基于多边或分散治理范式，《巴黎协定》以"自下而上"的形式将全球大部分国家纳入具有法律约束力的治理框架中，治理主体更为多元，约束目标更为宽泛，以期实现混合目标。"后巴黎时代"以国家自主贡献为特征的弱治理模式可能导致发达国家和发展中国家间日益区别模糊的局面，面临着诸如温控目标落实、全球盘点、透明度、遵约机制、技术和资金援助等诸多实施方面的挑战。

1.3.2　公约外的机制建设

尽管全球气候治理始终坚持以公约为主渠道，但因各国所处发展阶段和现实国情的巨大差异，全球气候治理制度的构建过程中面临诸多阻碍，气候变化谈判进程常常陷入僵局，为了推动全球气候治理体系的构建，公约外平台和机制的发展也为各国提供了更多表达意愿和采取行动的选项，客观上起到了凝聚各方共识的作用。这些机制从性质上来看，主要可以分为政治性、技术性和经济激励性机制三种类型。

国际政治属性的公约外机制主要包括联合国气候峰会、千年发展目标论坛、经济大国能源与气候论坛、二十国集团（G20）、八国集团（G8）、亚洲太平洋经济合作组织（以下简称亚太经合组织）（APEC）会议等。这些机制的共同特点是由政府首脑或者高级别官员参与磋商，就一些重大问题达成政治共识，但一般不就具体技术细节进行讨论。联合国气候峰会等政治性的公约外机制，通常主要在全局性、长期性、政治性的问题上发挥重要作用，因为参会级别高，尤其是首脑峰会，往往能解决一些长期困扰公约下技术组谈判的重大问题，从而推进公约谈判进程。以 G20 为例，2009 年气候变化融资首次成为重要议题，2016 年中美交存参加《巴黎协定》法律文书，2017 年 G19 在美国缺席时依然形成合作应对气候变化的成果文件，以及 2019 年《大阪首脑宣言》中特别强调了实施《巴黎协定》的重要性，客观上表达了主要国家推进构建全球气候治理机制的政治意愿。APEC 作为亚太地区重要经济合作论坛于 2007 年便将气候变化作为核心议题加以讨论，通过了《关于气候变化、能源安全和清洁发展的悉尼宣言》，这对推进 APEC 国家减排起到促进作用。相比多主题多边机制对于气候变化的部分涉猎，专注于气候变化单一主题的多边机制则可深刻影响公约下气候谈判进程和格局。包含主要发达国家和主要发展中国家的"主要经济体能源与气候论坛"（MEF）由美国于 2009 年主导成立，各方以减排为核心内容就 2℃目标达成一致意愿，定下后续谈判总基调。在美国中止 MEF 后，中国、欧盟、加拿大又联合建立了加强气候行动部长级会议（MoCA），继续围绕多边进程中的难点问题寻求解决方案并发挥议题推动作用。

　　行业或部门技术性的公约外机制主要包括国际民用航空组织、国际海事组织及联合国秘书长气候变化融资高级咨询组等合作机制。这些机制，针对公约谈判中的一些行业、部门或具体问题开展专题研究和讨论，并将讨论结果和建议反馈公约，以促进公约下相关问题的谈判进程。但应对气候变化并非这些机构或机制的核心目标，且不同的机制也有各自的议事规则和指导原则，如一些行业组织并不遵循公约"共同但有区别的责任原则"和协商一致的原则，同样的问题在不同机制下的认知和推进进度会存在差异。通过 AR6 对多种国际治理机制与公约及其《巴黎协定》之间关系的描述能够清楚地看出，在各种类型的与气候治理相关的机制中，存在多种国际机制、机构和组织的活动与公约及其《巴黎协定》不同领域的治理相关。

　　经济激励/约束性的公约外机制，包括与气候变化相关的贸易机制、与生产活动和国内外市场拓展相关的生产标准制定等公约外磋商机制。经济激励措施在公约谈判中属于辅助性的谈判议题，大部分时间谈判的并非公约关注的核心问题，但这些问题与实体经济运行，以及相关行业、领域的发展利益紧密相关。贸易机制、标准制定机制等这些机制本身已经有很长时间的积累和发展，于气候变化问题形成国际治理机制之前就已经存在；但在气候变化治理机制产生之后，各种机制之间存在边界模糊、原则差异等问题，因此这些机制对气候变化问题的讨论磋商不仅包含技术性问题，也会包含政治性、原则性问题。

具有全球气候治理共同意愿的大国或集团往往发挥领导力推进打破困境、促成气候协定达成，是气候治理体系构建中不可忽略的方面。欧盟作为全球气候治理的先行者，推动了《京都议定书》的达成和生效，展现了推进全球采取具体减排行动的积极态度。中美两国在 2013～2015 年连续发表《中美气候变化联合声明》，巩固了双方在气候领域的合作，形成了中美合作推进全球气候治理的局面。在 2015 年巴黎气候变化大会中，欧盟通过主场外交和构建雄心联盟的谈判策略，与中美两国建立起合作领导关系，共同推动了具有里程碑意义的《巴黎协定》达成。后续在美国特朗普政府退出《巴黎协定》的时期，欧盟和中国采取一系列积极的应对气候变化措施，在推动《巴黎协定》的落实过程中发挥了更加重要的引领作用。中、印、巴、南"基础四国"气候变化部长级会议作为一个区域性机制，很大程度上代表了发展中国家在全球气候治理体系建设中的立场，虽然其在影响力方面弱于全球性机制，但已成为推进气候变化谈判进程的重要力量。中国作为公约外气候变化国际合作的重要参与者，在坚持合作共赢、公平正义、包容互鉴的主张下参与引导多边机制和国际合作。在南南合作框架下，中国建立了中非合作论坛，通过该机制支持加强非洲国家减缓和适应气候变化的能力并取得积极成效，通过构建绿色"一带一路"，助力中国和共建国家共同实现保护和发展并重的可持续发展之路。

随着全球气候治理呈多元化态势，地方政府、企业、非政府组织、土著人和地方社区等非国家行为体既在其所属缔约方范围内开展和推动应对气候变化行动以促进缔约方履约，也通过更加频繁地参与国际条约内外活动，共同推动气候谈判策略选择和全球气候治理进程。

1.4　应对气候变化的长期目标

1990 年 IPCC 发布的第一次评估报告（FAR）指出，人类活动产生的排放正在显著增加大气温室气体浓度，建议国际社会启动政治进程应对全球气候变化。但由于当时的科学基础不足以形成更为具体的应对目标建议，在 FAR 推动下形成的公约只是定性表述了要稳定大气中温室气体的浓度，并未明确避免"气候系统受到危险的人为干扰"应把浓度控制在何种定量化的水平上。公约发布后，如何确定定量的全球应对气候变化长期目标成为后续气候变化科学评估和国际谈判关注的核心问题之一（Gao et al.，2017）。

1.4.1　科学评估与政治层面的推动

就 IPCC 而言，从第二次评估开始，为公约谈判提供有助于确定定量化长期目标的信息，就成为后续历次科学评估的重要任务。但由于科学认知发展水平的局限，气候变化科学本身存在不确定性，排放和影响后果之间存在时间滞后和空间差异，加上危险水平的判定涉及非科学评估范畴的价值判断，IPCC 的历次评估都没有从科学上认定应该用何种指标表征"气候系统受到危险的人为干扰"，也无法单纯从科学上界定全球大气温室气体浓度或升温达到何种程度是不可接受的。

1996 年 IPCC 发布的第二次报告（SAR）认为，科学、技术、经济和社会科学文献的确指出了实现公约最终目标的前进方向，但判定什么构成了"危险的人为干扰气候系统"，以及需要采取何种行动阻止类似的干扰还有很大的不确定性。明确提出应将"全球地表平均温度升幅控制在工业化前水平以上低于 2℃之内"，其最早见于 1996 年欧盟理事会的会议决定。欧盟理事会基于 IPCC 第二次评估报告及相关的 IS92 中等排放情景，认为应使全球温室气体排放在 1990 年基础上减半，并将大气中二氧化碳浓度控制在工业化前浓度的 2 倍，即约 550 ppm，从而实现将温升控制在与工业化前相比不超过 2℃以内，并以此作为全球减缓合作的目标。欧盟在这份文件中并没有给出做出这一目标决定的理由，其确定性表述也无法从 IPCC 第二次评估报告中得到有力的支持，因此这一提法在当时并没有获得更为广泛的国际认可。

2001 年 IPCC 发布的第三次评估报告（TAR）指出，自然、技术和社会科学可以对确定哪些要素构成"气候系统危险的人为干扰"提供所需的信息和证据。

但这种决策是一种价值判断，需要在考虑发展、公平、可持续性以及不确定性和风险等情况下，通过一个社会政治进程来决定。由于气候变化的程度和速率都很重要，因此确定"危险的人为干扰"的构成基础会随着区域的不同而不同，其取决于当地的特点和气候变化影响的后果、适应，以及减缓能力。值得关注的是，TAR 引入了气候变化风险的 5 个"关切理由"，包括：独特和濒危系统的风险、极端天气气候事件风险、影响的分布、综合影响，以及未来大规模突发事件的风险。虽然 TAR 没有明确提出何种程度的温升应该成为"气候系统危险干预"的指标，但显示 4℃以上温升将带来极大的风险。

由于气候变化的应对不单纯是一个科学问题，而 IPCC 的评估需要保持政策中立，因此 IPCC 倾向于提供有助于读者对风险做出自己判断的信息，而不是直接就何种因素构成对"气候系统危险的人为干扰"做出结论。2005 年 2 月，欧盟委员会就中长期减排战略和目标的成本效益分析进行了报告。该报告认为，到2100 年，全球平均气温将比 1990 年升高 1.4~5.8℃，其中欧洲气温将上升 2.0~6.3℃，如果将温升控制在 2℃，其效益将足以抵消减缓政策的成本；而如果温升超过 2℃，则极有可能引发更快和难以预期的气候反应，甚至造成不可逆的灾难性后果。在该报告的基础上，欧洲议会在同年再次重申"2℃目标"，并认为 TAR的结论说明需要强化减排行动来限制全球风险。2006 年时任英国首相经济顾问的尼古拉斯·斯特恩爵士（Lord Nicholas Stern）发布了《斯特恩评估：气候变化经济学》，指出如果未来几十年不采取及时的应对行动，气候变化将使全球损失 5%~20%的 GDP；如果全球立即采取有力的减排行动，将大气中温室气体浓度稳定在500~550ppm，其成本则可以控制在每年全球 GDP 的 1%左右。

2007 年 IPCC 发布的第四次评估报告（AR4）就 TAR 提出的 5 个"关切理由"给出了更为直观的表述，包括对极地和高山群落和生态系统的影响、珊瑚白化事件发生和大范围死亡、极端天气事件及其产生的不利影响、格陵兰和南极冰盖融化的风险等。相比前三次评估报告，第四次评估报告对风险的解释和表述更加清晰直观，强化了气候变化风险评估与价值判断对确立长期目标的重要性，这也推动了政治进程上关于温升目标的讨论。此后 2007 年德国海利根达姆、2008 年日本洞爷湖、2009 年意大利拉奎拉召开的 G8 峰会上，气候变化都成为一个核心议题。拉奎拉 G8 峰会最后发表的声明表示，同意和其他国家一起，以工业化前的水平为基准，将全球温度的升幅控制在 2℃内，并在 2050 年前将全球温室气体排放量减少 50%，发达国家整体到 2050 年排放量降低 80%或更多。虽然仍有争论认为，将 2℃温升作为目标在科学上的意义并不清楚，但欧盟在政治层面的强力推动，进一步使温升目标的讨论从科学界进入国际气候变化政治和外交层面。

1.4.2 从哥本哈根到巴黎气候变化大会

2009 年 7 月的 G8 第 35 次峰会，以及紧接着召开的"主要经济体能源与气候论坛"（MEF）正值哥本哈根气候变化大会前夕。MEF 与会的 17 国领导人发表了联合宣言，要求哥本哈根气候变化大会成果符合公约目标和科学要求，一致认同全球平均气温的升高不应高于工业化前水平的 2℃以上。这使得"2℃目标"首次在主要发达国家和发展中国家形成了共识。峰会对气候变化问题的关注给同年底哥本哈根气候变化大会传递了强烈的政治信号，在主要大国推动下，"2℃温升目标"写入了当年的《哥本哈根协议》。虽然《哥本哈根协议》因没有得到公约缔约方一致认可而不具有法律效力，但在 2010 年坎昆气候变化大会形成的《坎昆协议》中，"通过减少全球温室气体排放量，使与工业化前水平相比的全球平均气温上升幅度维持在 2℃以下……考虑报告以最佳可得科学知识为基础，包括有关全球平均升温 1.5℃的知识，加强长期全球目标"被纳入了"长期合作行动的共同愿景"。"2℃温升目标"自此成为一个全球性的政治共识。

2009 年之后，"2℃温升目标"的政治共识对国际学术界产生了巨大的影响。此后的气候变化趋势模拟、影响评估及减排路径研究等，都以"2℃温升目标"作为情景研究的对象，2014 年完成发布的 IPCC 第五次评估报告（AR5）实际成为以"2℃温升目标"为核心内容的评估报告。AR5 评估认为，如果要把升温幅度控制在 2℃（与 1861~1880 年相比）以下，在实现的可能性为 66%、50%和 33%的概率下，全球排放空间分别为 10000 亿 t C、12100 亿 t C 和 15600 亿 t C，但

2011 年前已有 5310 亿 t 碳被排放到大气中；如果相对于工业化前全球温升 1℃ 或 2℃时，全球所遭受的风险将处于中等至高风险水平；最有可能实现在 2100 年将全球温升控制在工业革命前 2℃ 以内的情景，是将温室气体浓度控制在 450ppm CO_2eq，这要求到 2030 年全球温室气体排放量要限制在 500 亿 t CO_2eq，即 2010 年排放水平；2050 年全球排放量要在 2010 年基础上减少 40%～70%；2100 年实现零排放。虽然 AR5 仍然没有明确何种指标或数值构成了对"气候系统受到危险的人为干扰"，但其就"2℃温升目标"得到的一系列评估结论，以及决策所需的科学信息，包括排放空间、路径和技术选择等，强化了这一政治共识的科学基础。

2011 年，德班气候变化大会成立"德班加强行动平台问题特设工作组"（以下简称德班平台），启动了关于 2020 年后适用于所有缔约方的国际机制谈判。从德班平台的启动到巴黎气候变化大会达成《巴黎协定》，虽然各方曾在公约原则的表述、协议涵盖范围、最终成果的法律形式等问题上存在不同观点，但"2℃温升目标"似乎已经不再是一个存在争议的问题。中国分别与美国、法国、欧盟等在巴黎气候变化大会前发布的双边联合声明也都提及要"考虑 2℃以内全球温度目标"。这在一定程度上代表了中国和发达国家在这一问题上的共识。在科学评估和一系列政治推动的基础上，《巴黎协定》最终将"把全球平均温度上升幅度控制在不超过工业化前水平 2℃之内，并力争不超过 1.5℃之内"作为协定的三个目标之一。"2℃温升目标"正式纳入具备法律效力的国际条约。自从公约生效以来，关于长期目标的谈判一直是一个不断具象化和量化的过程。《巴黎协定》是第一个使"2℃温升目标"具备法律效力的国际条约。公约第二条关于避免"气候系统受到危险的人为干扰"的努力至此演进为落实《巴黎协定》第二条——将全球温升控制在不超过工业化前水平的 2℃，并努力实现 1.5℃。

1.4.3 《巴黎协定》与碳中和目标的提出

2015 年通过的《巴黎协定》提出了全球平均气温较工业化前水平升高幅度控制在 2℃之内、力争把升温幅度控制在 1.5℃之内的新目标，建立了以"国家自主贡献"为核心的行动机制,这标志着全球气候治理模式由"自上而下"的模式转向"自下而上"的模式,是继公约、《京都议定书》后,国际气候治理历程中第三个具有里程碑意义的文件。2016 年 4 月 22 日纽约的《巴黎协定》高级别签署仪式当天,175 个国家的领导人签署该协定,创下了国际协定开放首日签署国家数最多的纪录。这标志着加强应对气候变化的行动已经在国际范围内取得了高度共识,全球应对气候变化进入了新的历史阶段。

应公约邀请,IPCC 在 2018 年 10 月完成了《全球 1.5℃升温特别报告》(SR1.5)并提出,要实现全球温升 1.5℃控制目标,2030 年相比 2010 年二氧化碳排放量需要下降约 45%,并在 2050 年达到净零排放。联合国环境规划署(UNEP)2019 年发布排放差距报告指出,与 1.5℃目标相比,各国提出的国家自主贡献(NDCs)目标仍然存在 3200 亿 tCO_2 的排放差距,这进一步强化了在全球范围内强化温室气体减排的紧迫性。2019 年 6 月英国通过新修订的《气候变化法案》,并率先以法律形式确立其"2050 年实现温室气体净零排放"的目标。同年 12 月欧盟委员会发布《欧洲绿色新政》,提出到 2050 年欧洲要在全球范围内实现"气候中和",显示出其推动全球走向 1.5℃温升目标路径,并在全球低碳转型和技术创新中抢占先机的决心。2020 年 9 月 22 日,习近平在第七十五届联合国大会一般性辩论上指出"人类需要一场自我革命,加快形成绿色发展方式和生活方式,建设生态文明和美丽地球",同时宣布中国将"努力争取 2060 年前实现碳中和",并在之后的多次重大多边外交场合强调中国将言出必行,坚定不移加以落实,与世界各国一道推动应对气候变化《巴黎协定》全面有效实施。

全球各国碳中和目标的提出,实际上就是要努力实现以 1.5℃目标为导向的长期深度脱碳转型路径,要求各国都需要努力以更少的资源和能源消耗来支撑经济社会的持续发展。就中国而言,从二氧化碳排放达峰到碳中和过渡期只有 30 年时间,这意味着中国需要实现更大规模的能源消费和经济转型,以最少的资源、能源消费,来支撑经济社会的持续发展。以中国的能源系统为例,将需要到 2050 年建成一个以新能源和可再生能源为主体的"净零排放"的能源体系,其中非化石能源在整个能源体系中的占比要达到 70%～80%及以上;发展循环经济，发展数字经济、高新技术产业，以数字化推进低碳化，控制高耗能、重化工业发展；调整产品和产业结构，在保持经济持续发展的同时，减少温室气体排放；同时在农业、林业、土地利用、草原、湿地等方面，实施"基于自然的解决方案"；加强生态环境的保护、治理和修复，提升生态系统的服务功能，增加碳汇，将是各国实现发展转型的重要措施（清华大学气候变化与可持续发展研究院，2021）。

参 考 文 献

丁一汇. 2010. 气候变化(大学教程). 北京: 气象出版社.

清华大学气候变化与可持续发展研究院. 2021. 中国长期低碳发展战略与转型路径研究: 综合报告. 北京: 中国环境出版集团.

Gao Y, Gao X, Zhang X H. 2017. The 2℃ global temperature target and the evolution of the long-term goal of addressing climate change - from the United Nations Framework Convention on Climate Change to the Paris Agreement. Engineering, 3(2): 262-276.

IPCC. 2019. Summary for Policymakers//Pörtner H O, Roberts D C, Masson-Delmotte V, et al. IPCC Special Report on the Ocean and Cryosphere in a Changing Climate.

IPCC. 2021. Summary for Policymakers//Climate Change 2021: The Physical Science Basis. Contribution of Working Group I to the Sixth Assessment Report of the Intergovernmental Panel on Climate Change. Cambridge, United Kingdom and New York, NY, USA: Cambridge University Press: 3-32.

第 2 章

全球气候治理的制度体系

当前观测到的气候变化与全人类的社会经济活动密不可分，而气候变化对人类生存和发展的影响日益凸显，已经成为全球瞩目的热点议题，其全球性、潜在性、长期性、危害性决定了只有通过最广泛的国际合作，才能有效应对其影响和危害。因此，应对气候变化是典型的全球性问题，需要全球各方参与治理。

自 20 世纪 70 年代全球气候变化引起科学关注，进而演变成为全球治理议题以来，经过 50 多年的发展，全球气候治理形成了什么样的机构、机制、关系和程序体系？确认了什么样的全球共同利益和目标？确立了各国、各行为主体什么样的责任、义务和权利？这是本章将讨论的问题。

2.1 全球气候治理体系的基本架构

2015 年，习近平主席在出席气候变化巴黎大会时指出，"作为全球治理的一个重要领域，应对气候变化的全球努力是一面镜子，给我们思考和探索未来全球治理模式、推动建设人类命运共同体带来宝贵启示。"讨论全球气候治理体系，首先需要理解何为全球治理，何为全球气候治理。

2.1.1 什么是全球治理

回顾近代史，全球治理思想可追溯到创造英文"国际"（international）一词的英国哲学家、法学家杰米里·边沁（Jeremy Bentham），甚至更早的荷兰政治家、"国际法之父"胡果·格劳秀斯（Hugo Grotius）。他们关于通过国际条约和国际法律来约束国家间行为交往的思想和著述，对现代国际关系、国际法理论和全球治理思想的发展与实践产生深远影响。而德国前总理、社会党国际前主席维利·勃兰特（Willy Brandt）于 1990 年在德国提出各国需要适应国际体系新走向、维持世界和平与发展的新理念，并发起全球治理委员会（Commission on Global Governance）以探讨这一问题。时任瑞典首相英瓦尔·卡尔松（Ingvar Carlsson）应邀牵头起草并发布了《关于全球安全与治理的斯德哥尔摩倡议》，提出建立独立的国际性全球治理委员会。该委员会成立于 1992 年，并于 1995 年发布了 Our Global Neighborhood（《天涯若比邻》）报告，提出了全球治理的概念（何亚非，2019）。

全球治理是为了协调跨国行为者行为、促进合作、解决争端，以及解决集体行动不足的问题而产生的机制。巴内特（Michael Barnett）等在 Global Governance in a World of Change 一书中对全球治理进行了总结，认为全球治理始于 19 世纪中叶，并在第一次世界大战后加速。但全球治理的概念和机制是在第二次世界大战后形成的。为了从两次世界大战的国际秩序崩溃中吸取教训，以及应对第二次世界大战后重建的需要，以美国为首，各国着手建立一套新的、全面的国际组织，以应对日益增多的全球共同挑战，这尤其是与全球化进程密切相关。面对国际贸易和产业链分工日益深刻，恐怖主义、网络安全、重大传染性疾病、气候变化等非传统安全问题影响日益广泛和深远，人们发现仅靠一个国家通过本国的立法、行政、市场等手段已无法解决经济社会发展面临的这些问题。而各国出于自身国情和利益采取的政策措施有时候难以协调及提高整体效率，如一国可能较好地处理了面临的问题但却给他国造成损害，或不同国家的政策措施形成冲突对立。这时候人们开始考虑建立一些机制来协调各国的行动。世界经济论坛（World Economic Forum）认为全球治理是一种管理公共卫生、金融危机、气候变化、地缘经济争端等跨国问题的手段，且已经远远超越了以外交和国际组织为中心、依靠条约管理世界的模式，其包括正式和非正式的监督、标准制定、敦促执行和融资。

　　传统而言，"治理"是政府行为，但是协调各国行动不可能建立一个凌驾于主权国家之上的"世界政府"。罗西瑙（James Rosenau）在 *Governance without Government: Order and Change in World Politics*（《没有政府的治理：世界政治中的秩序与变革》）一书中认为，在世界政治研究领域，"无政府治理"是相当重要的概念，因为在这一领域显然不存在中央集权，尽管或多或少存在一些秩序和安排。而何亚非认为理解"全球治理"这一概念需要考虑六点核心要素，即全球性、治理主体和治理方式的多元、多层次议题、多中心、理念与制度相结合、描述性与规范性。

　　学者们对"全球治理"的概念做了广泛探讨。阿迪尔·纳贾姆（Adil Najam）对全球治理做了一个被广泛引述的简单表述，即在没有全球政府的情况下管理全球进程。外交学院高飞教授认为，全球治理是指国际社会共同应对全球性问题的管理体制、规则、方法和行动。安迪·奈特（Andy Knight）和魏斯（Thomas Weiss）与塔库尔（Ramesh Thakur）对全球治理的定义类似，指国家、市场、公民、国际组织、非政府组织之间正式和非正式的机构、机制、关系和进程的综合体，通过这些机构、机制、关系和进程，明确全球层面上的集体利益，确立责任、义务和特权，并由专门人士调解分歧。贝内迪克特（Kennette Benedict）将全球治理定义为：为了管理追求共同利益的行为，而通过制度、进程、规范、正式协议和非正式机制产生的秩序。

　　某一领域的全球治理虽然往往不是一个单一的机制，但为了更好地描述和分析该领域由一系列准则构建起来的全球治理制度，学者们也提炼出了一些要素，主要包括五个方面：①全球治理的价值，即在全球范围内所要达到的理想目标；②全球治理的规制，即维护国际社会正常秩序，实现上述价值的规则体系；③全球治理的主体，即制定和实施全球规制的组织机构，一般包括主权国家、政府间组织、非政府组织等；④全球治理的客体，即需要解决的具体问题，作为全球治理的客体，这些问题必然是涉及全球多个国家的跨国问题；⑤全球治理的效果，即上述主体通过规制去解决具体问题，是否以及在何种程度上达到了目标。本章后面几节也将从这几个方面来分析全球气候治理的制度安排。

2.1.2　全球气候治理的概念及其格局

北京大学张海滨（2021）将"全球气候治理"定义为包括国家与非国家行为体在内的国际社会各种行为体通过协调与合作的方式，从次国家层面到全球层面多层次共同应对气候变化，最终将大气中温室气体的浓度稳定在防止气候系统受到危险的人为干扰水平上的过程，其核心是通过全球范围内多元、多层的合作及共同治理，减缓和消除气候变化对人类的威胁。这一定义涵盖了理解全球治理的要素并结合了公约所确定的全球共同目标。

简言之，全球气候治理是指从全球到区域、国家和地方，以及个人应对气候变化政策与行动的集合。这一集合围绕全球共商共建的原则、规范和规则，形成制度化的渠道，促进全球应对气候变化的集体行动取得更优的实效，其成果为全人类共享。

全球气候治理自1992年公约达成以来，从最早各国在公约下承担义务、开展行动的单一格局，逐渐形成了以国际法为核心、其他多种机制为补充，以应对气候变化实现全球可持续发展为目的，多项具体目标落实，以主权国家为核心主体、其他多元主体共同参与的治理格局。

基欧汉（Robert Keohane）和维克多（David Victor）将演变后的这种全球气候治理制度结构界定为"机制复合体"，认为气候变化制度体系是多重制度松散结合的系统，制度之间缺少核心制度和等级。IPCC则将全球气候治理制度描绘为一个以公约机制为中心的同心圆，其外圈依次由国际、区域和国家、次国家圈层构成，多边、双边、其他联合国执行机构、环境公约等机制分属不同或多个圈层，但均与公约机制直接或间接相连共同组成全球气候治理的集合体，如图2-1所示，这一机制复合体仍在不断演变。

图 2-1 公约条约和机制（IPCC，2014）

弗兰克·比尔曼（Frank Biermann）、李慧明等学者认为，按照制度一体化程度、规范冲突程度和行为体结构等指标，可以将全球治理体系结构分为协同型、合作型和冲突型，认为在全球气候治理领域包括以公约为核心的规范原则，同时也包括《京都议定书》在不同国家和地区的灵活实施机制，还有公约之外治理机制不断发展，整体上呈现合作型碎片化的特征；并认为非等级制度间可以进行调和（如针对公约框架下的谈判集团的分化重组、议题增多的现象可以通过国际规制的治理，针对公约外的气候治理机制爆发可以通过国家先驱政策的治理），从而提升全球气候治理的有效性。

尽管全球气候治理始终坚持以公约为主渠道，但公约下多年气候谈判的举步维艰凸显出在条约之外为全球气候治理提供更多选项的重要性。条约外的多边渠道可推进凝聚政治共识，为国际条约下的谈判和各国开展务实行动提供政治指导。条约外多边机制为气候变化国际合作提供了关键延伸平台，且机制类别各异。与气候变化相关联的多边机制依照全球性/区域性、多主题/气候变化单一主题可被大致划分为四类，其中多主题全球机制如偏向于政治经济性的二十国集团（G20）和偏向于专业性的世界贸易组织（WTO），多主题区域性机制如亚太经合组织（APEC），单一主题全球性机制如仅讨论应对气候变化相关议题的 MEF，以及更聚焦某一应对气候变化具体主题的全球甲烷倡议（Global Methane Initiative），单一主题区域性机制如"基础四国"气候变化部长级会议等，这些机制可与气候条约间呈现补充、交叉、平行等关系。

然而从治理效果看，尽管各方在公约体系下通过 30 多年的谈判和履约，建立了一系列的规则、机制、机构，开展了多元化的合作，促进了气候变化科学研究、可再生能源等关键技术、碳排放交易等创新政策的快速发展，使全球公众应对气候变化意识也得到了显著提升，但是全球距离实现公约《京都议定书》和《巴黎协定》目标还有很大的差距，尤其是发达国家在履行《京都议定书》《坎昆协议》等设定的义务和规定方面存在严重不足。

为了促进各国减排，实现公约、《巴黎协定》确定的温升控制目标，以诺德豪斯（William D. Nordhaus）为代表的学者提出了建立以国际统一碳价格为核心的"气候俱乐部"机制。这种机制介于《京都议定书》的"自上而下"（通过国际法确立缔约方量化减排义务）和《巴黎协定》的"自下而上"（以国家自主贡献自行确定减排目标）的模式之间，属于一种自愿参与，但一旦参与就要遵循俱乐部规则的模式。俱乐部的规则主要包括成员国设置统一或相当的减排目标并不断提高目标，统一或各自实施碳定价政策，使俱乐部内部各国碳价统一或相当，对俱乐部外的国家征收碳关税或实施碳边境调节机制，从而迫使其他国家跟进，达到避免公约因缺乏约束力而导致各国不愿加大和落实减排承诺的效果。应当说，这种俱乐部与上述各种以论坛、倡议、合作伙伴关系等形式建立的俱乐部机制相比，具有明显的强制性特征，且需要必要的俱乐部章程来进行规范。这样的俱乐部，其出发点是提高各国的减排力度，使各国能将排放量控制在无论是 2℃还是

1.5℃温升控制目标所需的"碳预算"空间范围内；其手段是提高碳价格，使企业有动力去采取减排措施，并通过国际贸易和碳关税，将俱乐部内的碳价格传导到俱乐部外的国家；其预期结果是迫使其他国家要么加入俱乐部，自行制定和实施碳定价政策，提高本国生产的碳成本，要么向俱乐部的成员国缴纳碳关税，提高本国出口产品生产的碳成本。然而这种俱乐部建立的基础是环境经济学理论，考虑的是实现特定减排目标的效率，而全球气候治理首先必须考虑公平——谁应当为当前的气候变化负主责？统一碳价格暗含的各国均分未来"碳预算"空间是否公平？发达国家是否早就用尽了其人均公平可拥有的"碳预算"空间？从这些角度来看，诺德豪斯提出的气候俱乐部理论是不公平的，是与公约相违背的。与此同时，各国由于资源禀赋、发展阶段、技术优势等因素的不同，形成了国际产业分工和产业链、供应链、市场全球化，虽然在一定程度上可能加剧了发展的不均衡，但由于其促进了技术研发迭代、技术成本快速下降、技术应用推广，从而在总体上促进了全球各个地区繁荣发展。因此，各国各地区碳排放、碳价格不同也是必然现象。而要求全球各国用同样的碳价格是在人为干预全球化分工合作，将导致各国生产的成本差异化缩小，动摇全球贸易合作的根基。此举虽可能更有效地管控了碳排放，但最终不利于全球通过合作促进发展的效率。

2.2　全球气候治理的核心问题

讨论全球气候治理，我们首先要了解治理的客体是什么，有什么特征，如何界定治理边界；然后需要理解为什么要治理及治理到何种程度，即气候治理的全球公共价值。

2.2.1　全球气候治理的客体

顾名思义，全球气候治理的客体是气候变化，但是将其与治理规制和效果相联系进行讨论时是有区别的。自地球诞生、大气层形成以来，地球气候就一直在变化。

气候变化给人类经济社会和自然生态环境带来正面或负面的影响，对于其中的负面影响，我们必须予以应对，即通常说的适应气候变化，而造成这种影响的是地球的气候变化，不论其产生的原因是自然的还是人为的，对于适应气候变化相应的规制安排和效果评估而言，治理的对象是全部的气候变化。相比较而言，气候治理的另一个重要领域是减缓地球的气候变化，而这从目前的技术和成本来说，只能针对人为活动造成的温室气体排放或吸收采取措施。因此，治理对象只是导致气候变化的一部分因素。

无论是适应整个地球气候变化，还是减缓人为造成的气候变化，全球气候治理的客体都要从三个方面来理解，才能解决气候变化这一必须依赖全球合作才能解决的问题。

第一是科学认知，即如何认识气候变化。当今世界主流的观点是基于科学决策。对于气候变化的科学认识，一直是推动全球气候治理和各国气候政策与行动的重要驱动力。人类之所以关注气候变化，而气候变化之所以成为全球治理的热点问题，是因为随着科学认知的发展，人类逐渐发现当前气候变化给人类社会经济系统带来的危害已经大于收益，尤其是对于个别地区而言存在严重的不利影响；同时，气候变化及其带来不利影响的速率已经接近或者超过人类适应的能力。而关于气候变化归因的研究发现，IPCC 在 2013 年发布的第五次评估报告认为极有可能的是，观测到的 1951～2010 年全球平均表面温度升高的一半以上是由温室气体浓度的人为增加和其他人为强迫共同导致的。这就表明人为活动对加速气候系统变化具有重要影响。相应地，调整人为活动就可以改变气候变化的速率和幅度，尤其是通过大幅减排，尽早实现全球碳达峰、碳中和，将有望减缓气候变化，甚至扭转气候变化的趋势。这些科学认知的发展和演变，推动了全球气候治理价值观的转变、规则的演变，也激发越来越多的主体参与到全球气候治理进程中来。

第二是应对行动，即如何应对气候变化。气候变化及其带来的影响无时无处不在，人类社会经济系统和自然生态系统都需要应对这样的变化。应对气候变化有两条路径，其一是适应气候变化带来的气温变化、海平面升降、旱涝频率和程度等变化，可以通过强化自然的恢复力和稳定性，也可以通过人工工程及将二者结合的手段，使人类能够仍然处于相对舒适的生存状态，社会和经济系统仍然能够平稳运行，自然生态系统仍然能够自我循环；其二是改变造成气候变化的驱动因子，减缓气候变化的幅度，使人类和自然系统能够更加容易地适应气候变化。有关研究表明，人类活动导致的温室气体排放是当前气候变化的主要原因，因此减少温室气体排放就成了应对行动的关键。建立在情景假设基础上的模型预测研究给出了减少温室气体排放与减缓气候变化的定量关系，计算了全球将温升控制在不同范围所需的排放路径，进而识别出全球碳排放达峰、碳中和的时间。这成为当前气候治理在价值取向转变为以减排为核心之后，重构全球气候治理规制体系的主要遵循。而在温室气体减排的具体路径中，由于人为活动排放温室气体的最大来源是化石燃料燃烧，因此对于化石燃料，尤其是煤炭燃烧利用的讨论和决策，逐渐成为全球气候治理衍生出的焦点问题。全球应对气候变化的行动逐渐聚焦，但相应的焦点及其理论解决方案能否在所有国家实施，各国应当如何基于自身国情、资源技术条件等制定行之有效的政策措施，将是十分现实的问题。

第三是实施条件，即如何让应对气候变化取得成效。只有科学认知和行动意愿，但缺乏必要的实施条件是不可能取得全球气候治理成效的。人为活动使气候变化的原因涉及人类生产生活的方方面面，是在既有工业化、现代化模式和资源、技术条件下产生的，采取应对行动也需要动员各方面的资源，尤其是要转变工业化、现代化的路径。发达国家已经实现了工业化和现代化，积累了大量的财务和科技优势，在采取减缓和适应气候变化行动方面具有优势，这得益于全球化的产业分工，发达国家不再需要自己生产所有的物资，因而可以大幅降低本国的直接碳排放。然而，发展中国家目前尚未发现与发达国家已经走过的工业化、现代化所不同的路径，只能借鉴和沿用旧有思想来实现国家现代化和人民生活质量的提升，在与发达国家工业化过程的资源和技术条件没有根本性改变时，发展中国家必然重复大量温室气体排放的路径。因此，新资源开发和技术创新，尤其是发展中国家公平、可负担地获得新资源和新技术，成为未来应对气候变化的关键。

2.2.2 全球气候治理的价值

全球气候治理的价值，即各参与方希望通过全球气候治理实现的目标。这是凝聚各方参与治理的核心。各个国家、非国家行为体受到气候变化的直接影响不同，因此，其主动应对气候变化、参与全球气候治理的主观能动性也不同；同时，各参与方又有可能因其他各方采取应对气候变化的措施而受到间接影响，从而不得不参与到全球气候治理中来，以便在形成全球气候治理价值及相应规制体系时，确保自身利益得到反映和保护。

前文提到，全球气候治理处于碎片化演变趋势当中，但学者们和 IPCC 仍将全球气候治理制度描绘为一个以公约机制为中心的同心圆，是因为公约确立了各方都认可的全球气候治理价值。这些价值集中体现在公约第 2 条的目标和第 3 条的原则之中。

公约确立的价值其初衷是确保全球公平、可持续发展。公约开宗明义指出"应当以统筹兼顾的方式把应对气候变化的行动与社会和经济发展协调起来，以免后者受到不利影响，同时充分考虑到发展中国家实现持续经济增长和消除贫困的正当的优先需要"，继而将公约目标设定为"将大气中温室气体的浓度稳定在防止气候系统受到危险的人为干扰的水平上。这一水平应当在足以使生态系统能够自然地适应气候变化、确保粮食生产免受威胁并使经济发展能够可持续地进行的时间范围内实现。"从这里可以看出，减排温室气体是确保生态系统适应气候变化、人类经济系统得以持续发展的手段，而不是目的。

当前全球气候治理的目标已经转变为温室气体高效减排。《巴黎协定》虽然提出了温升控制、适应气候变化、资金流向三个目标，但是随着学术界偏向于通过情景假设来研究实现不同温升目标，尤其是 1.5℃和 2℃温升目标减排路径的不同情景，IPCC 基于这些研究综合评估的结论也就日益走向以减排为中心，进而形成国际舆论，反映到全球气候治理的决策当中，就是把减排和全球尽早实现碳达峰、碳中和当作全球气候治理的目标，将排放大国快速大幅减排当作实现净零排放的重点和必要途径。这种演变与公约目标之间实际上存在差距。

尽管所有人都认同应对气候变化应当减缓和适应并重，但是在治理规则和进程中，针对减缓的规则、进程都比适应要显著。典型的是《京都议定书》只规定了公约附件一缔约方的量化减排指标，而没有适应指标；2010 年公约缔约方大会达成的《坎昆协议》也只规定了发达国家需承诺 2020 年全经济范围量化减排目标，同时发展中国家开展"国家适当减缓行动"，而没有对各国适应气候变化提出明确要求；《巴黎协定》第四条则明确指出"缔约方旨在尽快达到温室气体排放的全球峰值，同时认识到碳达峰对发展中国家缔约方来说需要更长的时间"，并且进一步提出了实现碳中和的要求，指出"此后利用现有的最佳科学迅速减排，以联系可持续发展和消除贫困，在公平的基础上，在 21 世纪下半叶实现温室气体源的人为排放与汇的清除之间的平衡"，而第七条提出"缔约方兹确立关于提高适应能力、加强复原力和减少对气候变化的脆弱性的全球适应目标，以促进可持续发展，并确保在第二条所述气温目标方面采取充分的适应对策"，但是长期没有明确何为全球适应目标，以及各国应该设定何种适应目标和开展何种行动。这一情况直到 2023 年底在迪拜举行的公约缔约方大会才得以改善，这届大会设立了全球适应目标的 7 个领域和 4 种行动。

这背后既有科学方面的原因，也有价值判断的原因。根据科学研究，当前气候变化的主要因素是人为活动的温室气体排放，因此管控温室气体成为减缓的核心任务。尽管温室气体排放来自各行业、各领域、各区域，但是排放的核算、减排的技术和路径具有共通性，只是在成本和技术组合上，各国根据各自国情会有差别。相比之下，各国由于自然地理环境不同，受到气候变化的影响和相应风险与损害也不同，由此导致适应行动和措施的差异性更大，因而难以开展全球治理机制安排。从价值判断上说，温室气体排放的大气混匀性，使得任何一个国家的温室气体排放都对地球气候变化有贡献，也都会影响到其他国家，因此全球具有共同控制温室气体排放的需求。而适应气候变化的行动主要发生在局地，即便是一个国家之内，沿海、高山、沙漠、森林、城市需要适应的气候变化影响也不尽相同，对其他国家也不存在外溢影响，因此发达国家不愿意支持发展中国家开展适应行动，因为其本国没有收益，除非气候变化严重到导致大批外国居民无法生存而需要移民，给其他国家造成潜在的安全、经济、环境危机。

气候变化对全球各地的影响是不均衡的。气候变化这一问题一提出，围绕气候变化背景下的生存权和发展权，学界和气候治理各参与方开展了长期的讨论。公约认为全球应当在可持续的状态下实现发展，即在这一状态下，气候的变化对于整个地球生态系统和全人类总体的经济社会发展造成的威胁是可控、可接受的。然而，随着科学研究的进展，越来越多的证据和情景模拟表明，全球一些地区遭受的气候变化影响显著大于其他地区，已经威胁到一部分人群的常规生产活动。因此，全球气候治理必须既要保障全球总体人群发展需求，又要保障这一部分受到气候变化不利影响特别严重的人群按照既有模式生存的权利，而后者就要求全球必须将温升控制在尽可能低的幅度范围内，从而将大幅度减排、实现碳达峰与碳中和在所有的气候治理客体中突显出来，成为全球气候治理价值的中心。然而，即便是以减排为价值中心，全球气候治理也存在重承诺、轻落实的现象。这既是一种价值判断，也会直接影响到全球气候治理的效果。

公约第三条规定了全球气候治理的合作原则。该条共 5 款，概括起来包括公平原则，共同但有区别的责任原则、各自能力原则，预防原则，可持续发展原则和国际经济贸易合作原则。现将这 5 款进行简要分析。

（1）各缔约方应当在公平的基础上，根据它们共同但有区别的责任和各自的能力，为人类当代和后代的利益保护气候系统。因此，发达国家缔约方应当率先对付气候变化及其不利影响。

（2）应当充分考虑到发展中国家缔约方，尤其是特别易受气候变化不利影响的那些发展中国家缔约方的具体需要和特殊情况，也应当充分考虑到那些按本公约必须承担不成比例或不正常负担的缔约方，特别是发展中国家缔约方的具体需要和特殊情况。

（3）各缔约方应当采取预防措施，预测、防止或尽量减少引起气候变化的原因，并缓解其不利影响。当存在造成严重或不可逆转的损害的威胁时，不应当以科学上没有完全的确定性为理由推迟采取这类措施，同时考虑到应对气候变化的政策和措施应当讲求成本效益，确保以尽可能最低的费用获得全球效益。为此，这种政策和措施应当考虑到不同的社会经济情况，并且应当具有全面性，包括所有有关的温室气体源、汇和库及适应措施，并涵盖所有经济部门。应对气候变化的努力可由有关的缔约方合作进行。

（4）各缔约方有权并且应当促进可持续发展。保护气候系统免遭人为变化的政策和措施应当适合每个缔约方的具体情况，并应当结合到国家的发展计划中去，同时考虑到经济发展对于采取措施应对气候变化是至关重要的。

（5）各缔约方应当合作促进有利的和开放的国际经济体系，这种体系将促成所有缔约方特别是发展中国家缔约方的可持续经济增长和发展，从而使他们有能力更好地应对气候变化的问题。为应对气候变化而采取的措施，包括单方面措施，不应当成为国际贸易上任意或无理的歧视手段或者隐蔽的限制。

从这 5 款看，第 1 款的核心是公平问题以及公约对公平的理解，也即要与各缔约方共同但有区别的责任和各自能力相一致。然而也有学者如比尼亚兹（Susan Biniaz）认为，公约并未将公平等同于共同但有区别的责任和各自能力，也没有确定此处的责任是指各方在温室气体排放方面的历史责任，更没有指出如何衡量历史责任；同时这一条款的末尾虽然提及"因此，发达国家缔约方应当率先对付气候变化及其不利影响"，但并未明确指出发达国家率先行动是因为责任还是因为能力，由此形成了可供各方自行解读的"建设性模糊"。这是因为在公约谈判之时，发达国家和发展中国家就对设定各自义务的依据存在分歧，发展中国家认为发达国家在温室气体排放方面的历史责任和相对高水平的国家能力共同构成了其率先应对气候变化的理由，发达国家虽然承认"历史上和目前全球温室气体排放的最大部分源自发达国家"，但并不认可将其作为发达国家率先开展行动的理由（Bodansky，1993；Yamin and Depledge，2004；Soltau，2014）。

第 2 款描述的是要考虑发展中国家的特殊情况，实际上是对第 1 款共同但有区别的责任和各自能力原则的演绎；后续 3 款则是所有缔约方在采取应对气候变化行动中需遵循的准则，更加侧重对国内政策与行动的指导，而不是对国际义务的设定。

在所有这些原则中，源自《里约环境和发展宣言》的共同但有区别的责任和各自能力原则逐渐被各方和学界认为是国际气候治理最重要的原则，也只有共同但有区别的责任和各自能力原则在后续条约中发生了演变。

《京都议定书》在前言中明示"受公约第三条指导"，但并未复述或展开阐述这些原则。

《巴黎协定》同样在前言中明示将遵循公约的原则，但同时对共同但有区别的责任和各自能力原则进行了演绎，在"共同但有区别的责任和各自能力原则"后，增加了"，考虑各自国情"的表述。这是为达成国际协议采取的又一次"建设性模糊"。在谈判过程中，中国等发展中国家强调共同但有区别的责任原则，要求依据发达国家和发展中国家不同的历史责任设定履约义务；美国等发达国家则认为设定履约义务应当依据各自能力。美国希望将《巴黎协定》第二条第 2 款写作 "This Agreement will be implemented to reflect equity and the principle of common but differentiated responsibilities and respective capabilities in the light of different national circumstances"，即协定的履行将考虑不同的国情，以体现公平以及共同但有区别的责任和各自能力原则，从而将共同但有区别的责任原则与发达国家的历史责任脱钩。中国在"考虑各自国情"前加上一个逗号，表示协定的履行将体现公平，以及共同但有区别的责任和各自能力原则，也要考虑不同的国情。这样的表述既没有出现历史责任与共同但有区别的责任原则的直接联系，也没有将共同但有区别的责任原则等同于各国不同的国情，而是成为双方都可以接受的表述，进而写进了 2014 年"中美气候变化联合声明"。同时，各方可根据需要各自解读"国情"，既可以包括国家能力，也可以包括历史责任。这最终成为各方在《巴黎协定》中的共识，也成为中国对全球气候治理的贡献。

2.3 全球气候治理体系的制度设计

全球治理的制度设计是为了让国际合作更好地开展，使全球相关各方能够共同地实现全球治理的价值。在明确了治理的客体后，在治理价值的指导下，制度设计主要是规范治理主体通过何种治理规则采取行动，以实现治理。

2.3.1　全球气候治理的主体

从全球气候治理的主体来看，气候变化涉及全地球、全人类，因此全球气候治理的主体也十分广泛。

在国际法框架下，公约、《京都议定书》和《巴黎协定》作为国际公法，其主体是主权国家及经条约许可的经济一体化组织。在国际法框架外，不同的全球气候治理机制其主体各有不同。随着全球治理进程推进，民间组织、民众团体也越来越多地参与到国际法框架下的规则制定中，或直接或间接地获得了决策权。当前联合国气候谈判中，非缔约方的观察员组织被逐渐允许列席越来越多的谈判会议，正式谈判议题中越来越多地关注和反映土著人群、青年、妇女等群体权益，而土著人群直接参与同缔约方的对话等，都体现出全球气候治理主体的演变。

在国际法框架下，全球气候治理主体的演变还体现在缔约方集团及其影响力上。截至 2024 年 10 月，公约有 198 个缔约方，在决策过程中很难实现每个国家均等表达立场，因此许多利益相近的国家形成集团共同发声。20 世纪 90 年代初，各国就公约开展谈判以来，形成了发达国家和发展中国家两大阵营，以及以“77 国集团和中国”为代表的发展中国家集团、以美国为首的伞形集团和欧盟“三股势力”。随着全球气候治理规则制定和实施的推进及气候变化科学新结论的诞生，全球气候治理不仅在价值取向上发生了改变，而且在国际谈判的力量组合上也出现了变化。以小岛屿发展中国家、最不发达国家、拉美一些亲西方的国家为代表，部分发展中国家出于应对气候变化的紧迫性、获取资金支持的说服力、国际政治的需求等各种原因，逐渐与欧美发达国家在减排问题立场上走近，共同要求发展中排放大国加大减排力度，尽早实现碳达峰，以未来减排效率取代了历史责任和公平。

在国际法框架外，多元化的规制下形成了多元化的全球气候治理主体及其合作模式。主权国家作为全球治理最传统的力量，除了国际法框架外，也建立了多边或小多边对话机制。这些机制通过对话，形成国家间共同行动的共识，虽然往往不具有约束力，但是视参与国家的不同，有的也具有强大的政治影响力，如 G20。

在主权国家之外，行业组织在特定领域发挥着制定全球气候治理局部规则的作用，如国际民航组织和国际海事组织等，在国际民航、国际海运的减排战略、排放标准、遵约体系等方面构建了规制体系。地方政府、企业、智库等也形成了自愿的行动网络，成为国家间合作的有益补充。学界通过 IPCC 形成评估报告，对全球气候治理产生了方向引领的作用。随着非国家行为体在治理理念中重要性的提升，伴随着非缔约方利益相关方在国际法体系下权限的扩大，未来主权国家以外的多元行为体预计将在全球气候治理中发挥越来越大的作用，全球气候治理的格局将会进一步碎片化、复杂化。

2.3.2　全球气候治理的规制

全球气候治理的原则、规范、标准、政策、协议、程序等共同构成了全球气候治理的规制体系。在这一体系中，由于治理主体、客体的不同，因此存在不同的具体规则，但国际法体系仍是全球气候治理规制的集大成者，在国际法之外的机制也或多或少的以国际法体系下的规则为指导或与之相联系。如表 2-1 所示，国际法体系建立了全面的全球气候治理规则，在过去 30 多年间发生了不同的演变。

表 2-1　国际气候治理法律体系的规则体系

	公约及 COP 决定	《京都议定书》及 CMP 决定	《巴黎协定》及 CMA 决定
设定集体目标	1992 年 第二条：防止气候系统受到危险的人为干扰。 2010 年 1/CP.16：将全球温升控制在工业化前 2℃以内。	1997 年 第三条：附件 B 缔约方在 2008～2012 年比 1990 年减排至少 5%。 2012 年 《<京都议定书>多哈修正案》：在 2013～2020 年比 1990 年减排至少 18%。	2015 年 第二条：2℃，争取 1.5℃；增强适应能力；资金流动符合温室气体低排放和气候适应型发展路径。 第七条：全球适应目标。
国别减缓行动	2010 年 1/CP.16 发达国家：全经济范围量化减排目标； 发展中国家：国家适当减缓行动。	1997 年 附件 B： 发达国家量化减/限排承诺。 2012 年 附件 B 修正： 发达国家量化减/限排承诺。	2015 年 第三条：国家自主贡献。 第四条： 发达国家，全经济范围绝对减排； 发展中国家，逐渐全经济减/限排。

续表

	公约及 COP 决定	《京都议定书》及 CMP 决定	《巴黎协定》及 CMA 决定
国别适应行动	国家自主行动	国家自主行动	2015 年 第三条：国家自主贡献。 第七条：国家自主行动。
提供国际支持	1992 年 第四条： 附件二缔约方提供资金、技术。 1999 年 10 和 11/CP.5：向发展中国家、经济转型国家提供能力建设支持； 1/CP.16： 发达国家动员 1000 亿美元/年。	沿用公约安排	2015 年 第三条：国家自主贡献。 第九条： 发达国家，应提供资金； 其他国家，鼓励自愿提供资金。 第十条：向发展中国家提供技术支持。 第十一条：向发展中国家提供能力建设支持。
其他国别行动	国家自主行动	国家自主行动	国家自主行动
履约报告与审评	1992 年 第十二条：清单及信息报告。 发达国家：报告 A/AC.237/55（1994）及后续多次修订；审评 2/CP.1 及后续多次修订。 发展中国家：报告 10/CP.2 及后续多次修订；审评 1/CP.16。	1997 年 第五、第七、第八条： 附件 B 缔约方计算、报告、审评。 2005 年 15/CMP.1 等：发达国家计算、报告、审评具体规则。	2015 年 第三条：国家自主贡献。 第十三条及第 18/CMA.1、5/CMA.3：报告、技术专家审评、促进性多边审议。
盘点集体进展	1992 年 第十条：评估集体进展、评估发达国家行动的充分性。 2010 年 1/CP.16：全球目标充分性。	无	2015 年 第十四条及第 19/CMA.1：全球盘点机制。
遵约审查	1992 年 第十三条：解决与履行有关的问题。	1997 年 第十八条：遵约机制。 2005 年 27/CMP.1 具体规则。	2015 年 第十五条及第 20/CMA.1、13/CMA.3：促进履行和遵约机制。
集体决策	1992 年 尽一切努力协商一致，最后可表决。	1997 年 尽一切努力协商一致，最后可表决。	2015 年 尽一切努力协商一致，最后可表决。

　　从不同规则的变迁来看，没有变化的是集体决策机制，自公约达成以来，一直是尽一切努力协商一致，穷尽一切努力后可表决。

设定集体目标的规则没有变化，始终是多边谈判达成的共识，但内容出现了从定性到定量、从只为发达国家设置量化目标到为所有国家设置量化目标的趋势。

1) 设定国别减缓和适应行动目标与政策

公约第四条第 1 款为所有缔约方设定了行动义务，包括按照缔约方会议决定的方法学编制和发布国家温室气体清单、开展减缓行动、促进减缓技术研发和信息传播、促进生态系统可持续管理、开展适应行动、将应对气候变化的考虑纳入经济社会发展政策、促进应对气候变化信息交流、开展应对气候变化的教育培训和提高公众意识、提交第十二条所规定的履约信息等，但是公约并未明确各缔约方需要设定何种减缓和适应行动目标，以及相应的政策。这一方面如同第 1 章所述，是由于当时国际社会和科学界尚不明确应当采取何种强度、何种形式的应对气候变化措施；另一方面也为后续谈判留下了很大空间。

《京都议定书》首次对发达国家规定了具有法律约束力的减排温室气体的目标和时间表，开创了全球温室气体减排机制的重要机制，是对公约的重要补充和扩展，使国际社会对气候变化的治理达到一个高峰，体现了国际社会试图更加有效地应对全球气候变化问题的持续努力。尽管《京都议定书》第三条第 1 款设定的集体减排目标和附件 B 所列的国别减排目标，从谈判过程上看，也是相应的发达国家提出拟承诺的减排目标再进行加总的结果，然而从效果上看，这是由国际条约"自上而下"给缔约方设定了减排义务。《京都议定书》将 2008～2012 年设定为第一承诺期，规定公约附件一缔约方集体在这一承诺期内，年均比 1990 年减排至少 5%，并在附件 B 中规定了每个附件一缔约方的减排目标。2012 年 12 月 8 日，《<京都议定书>多哈修正案》通过，就《京都议定书》第二承诺期（2013～2020 年）作出安排，要求公约附件一缔约方集体在这一承诺期内，年均比 1990 年减排至少 18%，并在附件 B 中更新了国别减排目标，这体现了该议定书所确立的制度安排的连续性。遗憾的是，《<京都议定书>多哈修正案》直到第二承诺期的最后一天 2020 年 12 月 31 日才达到生效条件，并且国际社会再也没有启动关于第三承诺期的谈判。《京都议定书》已经名存实亡。

在《京都议定书》为公约附件一缔约方设定量化减排义务后，发达国家开始要求发展中国家也要承担量化减排义务，在 2007 年第 13 次缔约方会议上形成了"巴厘岛路线图"，要求作为《京都议定书》缔约方的发达国家继续按照《京都议定书》规则承担"自上而下"的绝对量化减排承诺，公约所有发达国家缔约方在公约下承担可比的，可测量、可报告、可核实（measurable, reportable and verifiable, MRV）的量化减排承诺，同时发展中国家缔约方也在公约下实施可 MRV 的"国家适当减缓行动"（nationally appropriate mitigation actions，NAMAs）。

"巴厘岛路线图"的这一安排未能在预期的 2009 年第 15 次公约缔约方会议上达成一致，公约下的相应安排在 2010 年第 16 次缔约方会议上形成了决定，即发达国家缔约方承诺承担全经济范围量化减排目标（quantified economy-wide emission reduction targets，QEERTs），发展中国家提出 NAMAs，并向公约秘书处提出，载列于秘书处汇编的目标登记文件。在这一要求下，除土耳其外的所有附件一缔约方都向联合国通报了 2020 年 QEERTs，其中因福岛核事故后限制核电等，日本于 2013 年 11 月 29 日调低了减排目标；中国、印度、巴西、南非、马尔代夫、不丹等 48 个发展中国家也先后向联合国通报了将实施的 NAMAs。"巴厘岛路线图"实际上开启了所有国家都要自己做出量化减排承诺的先河，这也是《巴黎协定》"国家自主贡献"机制的早期探索。

2011 年第 17 次公约缔约方会议建立了关于新气候协议的谈判"德班平台"特设工作组（Ad Hoc Working Group on the Durban Platform for Enhanced Action，ADP）。在 2013 年第 19 次缔约方会议上，各国同意启动"国家自主决定贡献方案"（intended nationally determined contributions，INDC）的准备工作，基本确认了各国"自下而上"自主提出应对气候变化目标的新规则。

《巴黎协定》第 3 条最终规定所有缔约方都应实施国家自主贡献（nationally determined contributions，NDC），包括第四、第七、第九、第十、第十一、第十三条涉及的内容，即包括减缓、适应、资金、技术、能力建设和透明度，确认了各国"自下而上"提出的承诺模式。尽管《巴黎协定》没有给各缔约方设定减排目标，但是对减排目标的形式做出了规定，包括：第一，发达国家应当提出全经济范围绝对减排目标，发展中国家可继续既有的减缓努力，但鼓励其逐渐转向全经济范围绝对减排目标;第二,各缔约方每五年需要通报或更新 NDC,并且后续的 NDC 应比当前的 NDC 进步,各方也可随时调整 NDC 使其更具有雄心。

相比于国别减缓目标受到的关注,国别适应行动和国内的研究、系统观测、宣传、教育等其他国别行动虽然内容上不断更新,但本质上没有变化,各方在条约下的义务一直只是开展本国认为必要的行动,没有进一步的规范。

2)提供国际支持的规则

公约第四条第 3~第 5 款明确为列于附件二的发达国家(集团)缔约方设定了向发展中国家提供资金和技术支持的强制性义务;同时第四条第 5 款也鼓励其他缔约方开展技术转让活动,这就将技术转移的提供方扩展到所有国家,但技术转移的强制性义务仍仅属于附件二缔约方。公约第五次缔约方大会决定指出"能力建设是发展中国家有效参加公约和《京都议定书》进程的关键所在",要求对现有的能力建设活动和方案作全面评估,制定一个符合具体国情的进程;随后在第七次缔约方大会上,正式建立了"发展中国家能力建设框架"。这是国际社会开展气候变化国际资金、技术和能力建设支持行动的根本基础。

《京都议定书》作为落实公约的第一个里程碑式法律条约,侧重于发达国家缔约方如何履行其在公约下的法律义务,在为公约附件一缔约方设定量化减排规则的同时,也强调了其履行资金支持的义务,集中表现在第十一条第 2 款。然而《京都议定书》第十条第 c 项对国际技术合作的规定表明,国际技术合作的侧重点在于推动全球各国开展技术合作、促进各国的技术开发,而不仅仅是强调发达国家对发展中国家的技术转移;而向发展中国家转移技术的义务则延续了公约的规定。

《巴黎协定》第九条、第十条、第十一条分别规定了资金、技术和能力建设的相关内容,包括对发展中国家的支持。第九条规定了各缔约方在协定下相应的资金支持权利和义务,其中最重要的是第 1 款和第 2 款,分别设定了发达国家向发展中国家提供资金支持的强制性义务,同时鼓励其他国家向发展中国家提供资金支持。第十条规定了各缔约方在协定下相应的国际技术合作权利和义务,但并未明确谁将承担这些义务。第十一条规定了各缔约方在协定下相应的能力建设国际合作权利和义务，要求所有缔约方加强能力建设合作，尤其是发达国家应当为发展中国家能力建设行动提供支持，但同时又将提供能力建设支持的国家泛化，第十一条指出所有缔约方都可以提供相应的支持，并且提供支持的缔约方都应定期报告相关信息。

然而与减缓承诺不同，对于资金支持，公约和《京都议定书》及其缔约方会议决定都从未给附件二缔约方设置过量化出资目标，甚至从未定义何为"气候变化资金支持"，也没有定义公约第四条第 3 款提及的"新的、额外的"支持应当如何核算。在实际履约中，发达国家自行定义这些核心概念，使得公约下发达国家提供资金支持的信息难以可比和准确。

发达国家履行公约第四条和《京都议定书》第十一条的义务，完全是凭借"条约必须善意履行"的国际法准则。即便对于设置了遵约机制的《京都议定书》，由于发达国家并未作出量化资金承诺，因此除非某个附件二发达国家完全没有给发展中国家提供资金支持，否则遵约委员会也无法介入该缔约方提供资金支持的行为。这也是遵约委员会自 2006 年运行以来，从未就作为《京都议定书》缔约方的公约附件二缔约方提供支持问题开展审议的原因。

在美国的推动下，发达国家在 2009 年的《哥本哈根协议》和 2010 年达成的《坎昆协议》中提出了到 2020 年前实现向发展中国家提供和动员年资金支持 1000 亿美元的集体承诺。虽然这里看似提出了量化目标，但是一方面这一目标是集体目标，无法评估衡量附件二缔约方个体的出资努力；另一方面，如同前文所述，由于缺乏对这 1000 亿美元资金核算方法的界定，因此国际社会始终存在发达国家声称已经提供了接近甚至超过 1000 亿美元的资金，但发展中国家却并不认可的情况。

提供国际支持的规则在《巴黎协定》中发生了显著变迁。公约第四条第 3 款明确规定列入附件二的发达国家缔约方有义务向发展中国家提供新的、额外的资金帮助其应对气候变化。这一条款在《京都议定书》第十一条中得到重申。在过去 20 多年的实践中，尽管各方就如何定义和核算"新的、额外的"资金无法达成一致，但是提供资金的主体始终是发达国家。应当指出的是，在 2009 年提出的《哥本哈根协议》案文和 2010 年达成的《坎昆协议》中，提供资金的主体从公约附件二缔约方变成了"发达国家",这反映了美国主导的"去公约附件"的努力。实际上提供资金的仍是附件二缔约方,这与公约的规定一致,俄罗斯等非附件二的附件一缔约方没有根据《坎昆协议》向发展中国家提供支持。《坎昆协议》这一规定延续到了《巴黎协定》第九条第 1 款,该款明确指出发达国家有义务向发展中国家提供资金支持。然而,《巴黎协定》第九条第 2 款明确提出鼓励其他国家提供资金支持。虽然从性质上看,其他国家提供资金并不是义务,但这是第一次将发展中国家为他国提供应对气候变化资金支持写入应对气候变化的国际规则体系。这也反映了提供国际支持规则同样出现了从"二分"到统一的变迁趋势。同时,由此也形成了"谁是发展中国家""谁是发达国家"的问题,这对后续履约造成了障碍。尽管各国会根据自己的判断,按照条约对发达国家或者发展中国家的规定履约,但是对于外界而言,如何评判一个国家是否有效履约,其中一个角度就是外界如何判断一个国家是发达国家还是发展中国家。此外,《巴黎协定》中有不少无主语条款,设定了义务,但是并未明确其承担主体,第十条第 6 款就是如此,"应向发展中国家缔约方提供支持,包括提供资金支持,以执行本条款,包括在技术周期不同阶段的开发和转让方面加强合作行动",这也与公约和《京都议定书》的做法不同。

3)透明度规则

在当今气候治理中广为使用的"透明度"(transparency)一词,作为谈判用语最早见于 2009 年的《哥本哈根协议》。然而,在公约下的实践中,关于"透明度框架"并没有标准的界定。从既有的实践看,公约体系下通过使用不同的术语和工具来落实透明度相关安排,如公约本身使用的是"通报"(communication)和"考虑"(consideration),公约缔约方会议决定所制定的指南常用"报告"(reporting)和"审评"(review),第 13 次缔约方会议引入了"测量、报告、核实"的提法,第 16 次缔约方会议又发明了"国际评估与审评"(international assessment and review,IAR)和"国际磋商与分析"(international consultation and analysis,ICA),第 17 次缔约方会议又发明了"报告、监测、评价"(reporting, monitoring and evaluation,RME),到《巴黎协定》则使用了信息提供、审评与考虑(providing information, review and consideration）等表述。大致说来，上述各种术语和工具可以分为四大类：一是获得信息，无论是通过直接监测还是数学测算；二是将信息报告给国际社会；三是核实信息的质量；四是基于这些信息开展各种评估。

透明度规则是过去 30 年来变迁最频繁的。一方面公约虽然要求所有缔约方都提交履约报告，但是一开始，缔约方会议就对发达国家和发展中国家缔约方的报告和审评设定了不同规则，这对于要求发展中国家和发达国家在各方面保持一致的美国等国家来说，一直是希望推动改变的领域；另一方面，随着相关缔约方的报告和审评实践，以及气候变化科学的不断发展，履约报告与审评的规则进行了多轮修改。例如，发达国家在公约下的报告规则先后修订了 10 个版本，发展中国家也在逐渐的实践中积累了经验，一些发展中国家的报告质量逐渐赶上甚至超越了发达国家。

公约第十二条明确规定了各缔约方需承担履约信息报告的义务，第四条第 2 款规定了附件一缔约方提交的信息需接受审评。这是公约体系下透明度机制的缘起。自公约第 1 次缔约方会议以来 20 余年间，缔约方会议陆续通过一系列决定，尤其是在"巴厘岛路线图"谈判授权下，确立了公约体系下测量、报告、核实的具体规则，如表 2-2 所示。

表 2-2　公约体系下的透明度国际规则指南（Wang and Gao，2018）

		发达国家	发展中国家
测量	清单	IPCC 1996 年，2000 年，2006 年，2013 年	IPCC 1996 年，2000 年
报告	清单	3/CP.5，18/CP.8，24/CP.19	无单独规定
	国家信息通报	A/AC.237/55，9/CP.2，4/CP.5	10/CP.2，17/CP.8（含清单信息）
	坎昆工具	双年报告：1/CP.16，2/CP.17，19/CP.18，9/CP.21	双年更新报告：1/CP.16，2/CP.17
审评	清单	6/CP.5，19/CP.8，13/CP.20	无
	国家信息通报	2/CP.1，23/CP.19，13/CP.20	无
	坎昆工具	国际技术审评：2/CP.17，13/CP.20	国际技术分析：2/CP.17
多边审议	坎昆工具	多边评估：2/CP.17	促进性信息交流：2/CP.17

从表 2-2 可以看出，在过去的 30 年间，公约下的透明度国际规则发生了明显的演变。在 2010 年以前，发达国家需要每年提交温室气体清单报告并接受审评、定期提交国家信息通报并接受审评，而发展中国家只需在收到支持的前提下提交国家信息通报。《坎昆协议》在保持既有规则的基础上，建立了发达国家和发展中国家每两年提交一次减缓和支持信息报告，并接受专家审评/分析，以及多边评估/信息交流的机制。发达国家和发展中国家报告和审评机制的名称不同，具体实施细则也有一些不同，但是与 2010 年之前的规则相比，《坎昆协议》建立的规则基本形成了对称的格局。

《巴黎协定》则进一步建立了"强化的透明度框架"，将发达国家和发展中国家的报告和审评规则纳入通用的模式、程序和指南。《巴黎协定》下建立的新的履约报告与审评规则也体现发达国家和发展中国家的共同性，同时细化了为发展中国家因能力提供其所需要的灵活性，但不再采用"二分"的模式。

《巴黎协定》形成的全球气候治理体系与公约和《京都议定书》都不同，尤其需要强化透明度来确保其实施。与公约相比，《巴黎协定》明确提出了可量化的集体行动目标，即"把全球平均气温升幅控制在工业化前水平以上低于 2℃以内，并努力将气温升幅限制在工业化前水平以上 1.5℃以内"，尽管不是直接的全球温室气体排放控制目标，但是 IPCC 已经在控制全球温室气体排放和实现温升控制目标之间建立了典型排放路径关系；与此同时，《巴黎协定》又采用"自上而下与自下而上相结合"的国家自主贡献模式，对国家自主贡献的性质、程序要素等作出规定，但减缓行动的力度由各国自主决定，这与《京都议定书》完全"自上而下"为缔约方作出量化减排承诺目标规定不同，而《巴黎协定》的促进履行和遵约机制也不能像《京都议定书》遵约机制一样对未实现量化减排承诺的缔约方追责。在这种情况下，《巴黎协定》要实现量化的集体目标，就必须要求各缔约方对国家自主贡献负责，并且不断提高行动力度，而这又只能是基于透明度的政治性问责，而不可能是法律性问责。因此，强化透明度成为确保《巴黎协定》体系得以有效的基础和关键。

强化透明度在《巴黎协定》谈判过程中就已经逐渐成为主要国家的政治共识。近年来，气候谈判各主要缔约方均对透明度原则持接纳态度，改变了以往在此问题上的对立态势。2014 年达成的《中美气候变化联合声明》就提出建立中美气候变化工作组，并共同启动温室气体数据的收集和管理等倡议。2015 年 9 月达成的《中美元首气候变化联合声明》和同年 11 月达成的《中法元首气候变化联合声明》表明中国、美国、法国进一步确认了在国际气候变化法体系下强化透明度安排的立场，强调巴黎气候大会谈判成果需要包含强化的透明度体系，以建立相互间的信任和信心，并支持进行报告和审评，以促进成果的有效实施。最终，《巴黎协定》建立了"强化的透明度框架"（enhanced transparency framework），并由各缔约方按照授权在卡托维兹完成了实施细则的谈判。

《巴黎协定》明确要求，强化的透明度框架应通过"通用的模式、程序和指南"（common modalities, procedures and guidelines）来具体落实，同时为需要灵活性的发展中国家提供"灵活性"（flexibility）。然而，如何理解"通用"和"灵活性"一直是谈判中的焦点问题，其中就包括如何利用公约下现行指南和经验。公约现行报告和审评体系一直遵循"二分"原则，即对附件一国家和非附件一国家实施两套标准，但先后经历了"严格二分"和"并行二分"两个时期。在 1992～2009 年的"严格二分"时期，虽然公约要求所有缔约方都需提交年度温室气体清单和国家信息通报，但其后的决议对附件一国家和非附件一国家的报告内容、范围、频率和审评形式提出了不同的要求。其中，附件一国家需每年提交温室气体清单，每四年一次提交国家信息通报，二者都需要接受国际专家组审评；而非附件一国家仅需不定期提交包括温室气体清单的国家信息通报，不需要接受审评。此后随着国际谈判和排放格局的变化，国际社会普遍认为发展中国家需要承担更多的责任和义务，因此在 2010 年通过的《坎昆决议》中，新增了对发达国家和发展中国家的双年报告和审评体系，虽然还是两套并行体系，但在报告和审评的模式和安排上已经采取了对称的形式，建立了"并行二分"的体系，与原"严格二分"体系叠加，除对发达国家的信息通报与双年报的技术审评在组织形式上共同开展以外，年度清单、信息通报和双年报/双年更新报的报告和审评均遵循不同的指南。由于信息通报与双年报/双年更新报在报告内容方面存在一定重叠，因此面临着重复报告和重复审评的问题，给各方都带来了较大负担。

新通过的"模式、程序和指南"在《巴黎协定》确定的"通用+灵活性"原则指导下，开启了"共同强化"的新时期。新规则一方面取代了《坎昆协议》下的"并行二分"体系，不再刻意遵循两套规则，而是在形式上统一要求各方均提交透明度双年报并接受审评；另一方面与公约下原有的"严格二分"体系进行深度融合，明确提出每四年一次提交的国家信息通报与每两年提交一次的透明度双年报重叠年份可作为一份报告提交，且年度清单和国家信息通报的报告与审评都需遵循最新通过的指南开展，这样极大地便利了报告的准备和审评的开展。发达国家和发展中国家的区分在原有"严格二分"体系下得以保留，同时在"共同强化"的新体系中通过灵活性来体现。最终通过的《巴黎协定》透明度实施细则在温室气体清单报告气体、时间序列、关键源定义、不确定性分析、完整性评估、质量保证和质量控制、减缓政策措施实施效果、温室气体排放预测、专家审评的形式和步骤等方面为发展中国家提供了灵活性。

灵活性和将发达国家和发展中国家进行区分的条款反映了发达国家和发展中国家义务和能力的不同。相比发达国家，发展中国家在制度能力、技术能力和国际经验三方面都有较大欠缺。一是在制度能力方面，大部分发达国家通过立法或政府间书面协议确定权责义务，并委派专人负责数据收集和报告撰写工作，实现了清单编制和国家报告的机制化和常态化，能够较好地应对国际社会的报告和审评要求；相比之下，大部分发展中国家的清单编制还停留在项目制的组织方式上，依赖全球环境基金（GEF）的赠款项目，资金申请、批复及到账的时间周期较长，同时大部分发展中国家公共管理能力相对落后，缺乏长期系统的温室气体排放数据和气候政策行动资料，面临着资金、人员和政府间协调等多方面挑战，尚未像发达国家一样建立一整套完善、稳定和高效的清单编制工作机制。二是在技术能力方面，美国、德国和澳大利亚等发达国家早于21世纪初期就已开发了国家温室气体清单信息系统，其中澳大利亚的国家温室气体清单编制从输入数据、估算排放量到清单报告编写和通用表格生成均在信息系统中完成，极大地提高了清单编制效率和质量。虽然包括中国在内部分较为先进的发展中国家也在积极建立温室气体数据库，但极少达到发达国家全面支撑清单编制的要求。三是在国际经验方面，大部分发达国家都已提交了 20 余年的温室气体清单、第七次国家信息通报和第四次双年报，并有丰富的接受国际审评的经验，而 153 个发展中国家①方面，截至 2024 年 10 月，仅有 106 个国家提交了第一次双年更新报告，44 个提交了第二次双年更新报告，28 个提交了第三次双年更新报告，13 个提交了第四次双年更新报告，只有新加坡、智利、阿根廷和南非提交了第五次双年更新报告，与发达国家差距明显。

由于处于不同的发展阶段、遵循不同的法律和政治制度，发展中国家的能力不足可能体现在法律基础薄弱、工作机制不畅、资源保障不足等诸多方面，且只有缺乏能力的国家自身才最有权利评判这一能力是否不足，灵活性自主决定正是充分尊重了发展中国家国情和能力不同的客观事实。与此同时，《巴黎协定》透明度实施细则的"通用"条款也为发展中国家最终需达到的标准指明了方向。事实上，许多能力较强的发展中国家可自愿放弃灵活性条款，如自愿接受到访审评，以适用更严格的透明度要求。此外，新规则重申的"不倒退"的原则适用于所有缔约方，无论是发达国家还是发展中国家，一旦开始达到某一报告标准，就应维持并不断提高。因此，灵活性条款既为发展中国家履约提供了可行的"起始点"，其与专家审评、自主改进框架的内在联系和"不倒退"原则又为发展中国家不断提高报告质量提供了保障。

4）盘点集体进展规则

盘点集体进展的要求虽然在公约中就已有规定，但是公约达成后很长时间都未实施，也未对发达国家减缓行动的充分性开展评估。2010 年缔约方会议达成的《坎昆协议》提出要对全球温升控制量化目标的充分性开展定期审评，其中第一次审评在 2013～2015 年完成，第二次审评在 2020～2022 年完成。这一审评的目的

---

① 哈萨克斯坦不是公约附件一缔约方，但是自愿按照发达国家要求提交双年报告，并接受审评，而不是提交双年更新报告；梵蒂冈 2022 年成为公约缔约方，未列入公约附件一，但也尚未提交任何国家履约报告。

虽然是评估如何设立充分的全球减排目标，但审评的过程和内容必然涉及全球行动的进展，因此与盘点集体进展的机制有共通之处。

《巴黎协定》则建立了全球盘点机制，要求每五年开展一次全球行动进展的盘点，这是对公约设立这一机制的落实。从公约到《坎昆协议》再到《巴黎协定》，盘点集体进展的机制不再聚焦于发达国家，而是着眼于全球行动，这是一个从发达国家和发展中国家"二分"到全球统一的变迁。

全球盘点是《巴黎协定》第 14 条建立的机制，旨在评估实现《巴黎协定》宗旨和长期目标的集体进展情况。全球盘点的实施细则在 2018 年卡托维兹气候大会上获得通过。从性质上看，全球盘点以全面和促进性的方式开展，不对单一国家进行评审，也不导致惩罚性的后果；从内容上看，全球盘点将考虑减缓、适应以及实施手段和支持的内容，并顾及公平和利用现有的最佳科学。从信息来源看，全球盘点将考虑如下信息：IPCC 和公约附属机构报告、缔约方履约报告、公约和《巴黎协定》下组成机构和论坛的报告、缔约方会议授权秘书处编写的报告、联合国机构和其他国际组织的相关报告、缔约方自愿提交的提案、非政府组织（NGO）等非缔约方利益相关方和公约观察员提交的材料等。

全球盘点的机制安排分为三个阶段，分别是①信息收集和准备，为技术评估提供信息；②技术评估，侧重评估实现《巴黎协定》宗旨和长期目标的整体进展，并识别强化行动和支持的机会；③成果考量，侧重讨论技术评估产出的含义，为后续各方以国家自主的方式更新和强化行动和支持力度，以及强化国际合作提供信息。公约附属机构下建立了"联合联络小组"，负责推进全球盘点。其中，在技术评估阶段，"联合联络小组"下设"技术对话"，由 2 位联合协调员（分别来自发达国家和发展中国家）组织各方以圆桌会议、研讨会等形式开展技术评估活动，并准备事实性综合报告等。

根据《巴黎协定》，第一次全球盘点在 2023 年进行，此后每 5 年进行一次。根据实施细则，为完成 2023 年的全球盘点，2021 年附属机构根据授权就实施细则已经列出的非详尽来源进行了进一步谈判，并最终确定继续以开放的态度收集信息。2022 年 6 月附属机构会议前启动了全球盘点的信息收集和准备工作；随后

3 次附属机构会议期间举办技术评估。2023 年 11 月的《巴黎协定》缔约方会议（CMA）期间，全球盘点完成最终的成果考量，此后每 5 年循环一次，如图 2-2 所示。

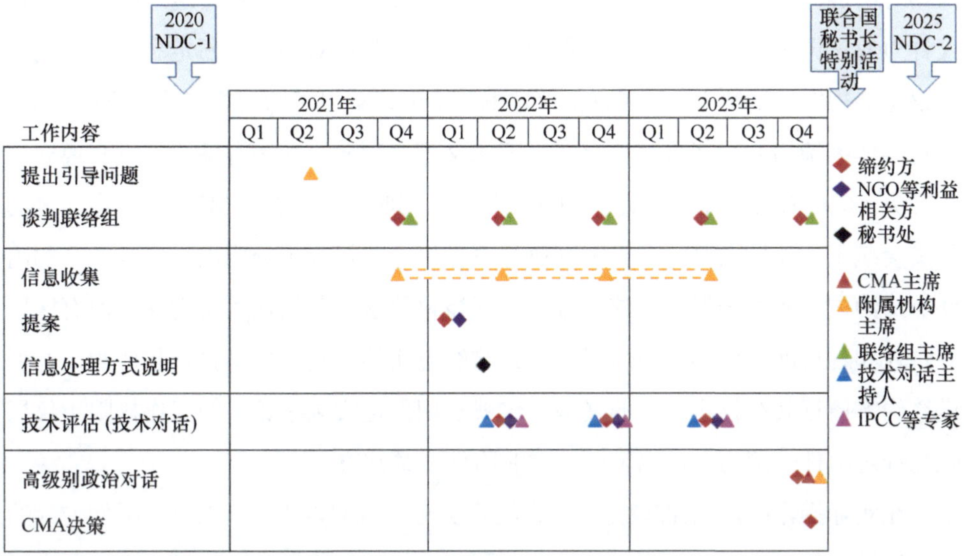

图 2-2　全球盘点的时间和内容安排
Q1：一季度；Q2：二季度；Q3：三季度；Q4：四季度

　　全球盘点最终产出的形式可以是缔约方会议决定，也可以是宣言，内容将聚焦评估整体进展，不针对个别国家，致力于识别减缓、适应、实施手段和支持等不同主题领域强化行动和支持的进展、机遇和挑战，以及可能的做法和优良实践。其中，2023 年完成的首轮全球盘点，其最终产出表现为缔约方会议决定。全球盘点结束后，联合国秘书长将举行特别活动，邀请各方在考虑盘点成果的基础上展示其国家自主贡献。

　　5）遵约审查规则

　　公约第十三条虽然要求建立机制解决与履行有关的问题，并在 COP1 设立了"第十三条特设小组"（The Ad Hoc Group on Article 13，AG13）开展谈判，但是各方的谈判始终没有达成一致。直到 1997 年《京都议定书》达成，并在第十八条设立了遵约机制，AG13 的工作便自然终结。《京都议定书》建立的遵约机制在其第 1 次缔约方会议第 27/CMP.1 号决定中得到了细化。

尽管在《京都议定书》遵约机制运行的十余年间，从未发生过对发展中国家缔约方的遵约审查，但是就第十八条和第 27/CMP.1 号决定来看，这一机制并不仅仅针对发达国家缔约方。第十八条规定，遵约机制针对的是"断定和处理不遵守本议定书规定的情势"，而《京都议定书》第十条重申了缔约方在公约下的义务，并将其作为缔约方在《京都议定书》下的义务，因此，如果有缔约方没有遵守这些义务，就应触发第十八条建立的遵约机制。同时，在第 27/CMP.1 号决定为遵约委员会赋予工作授权时，对于强制执行事务组，其授权十分明确，仅针对公约附件一缔约方；而对于促进实施事务组，其授权要求事务组在"考虑共同但有区别的责任和各自能力原则"的前提下，为缔约方实施议定书提供咨询和便利，并促进缔约方履行其在议定书下的义务，这就表明促进实施事务组的工作权限不仅局限在针对附件一缔约方，也可以针对非附件一缔约方。

在实际操作中，《京都议定书》遵约委员会从成立以来，从未对非附件一缔约方开展过遵约审议，这主要有两方面原因。一是《京都议定书》只为发达国家设置了量化减排义务，也只要求发达国家履行相应的报告与审评义务，使得遵约机制的实际审议操作集中于发达国家缔约方。二是第 27/CMP.1 号决定明确，触发遵约机制有三种途径：①国际审评专家组在审评报告中提出履约问题（question of implementation，QoI）；②缔约方自己提出要求；③其他缔约方提出针对另一缔约方的 QoI，而由于发展中国家在《京都议定书》下没有报告和审评的义务，不存在国际审评专家组在审评报告中提出 QoI 的情况，与此同时，也从来没有发展中国家自己提出过促进遵约的需求，也没有任何缔约方提出需要促进某一发展中国家缔约方遵约，因此《京都议定书》的遵约机制从未出现针对发展中国家不遵约审议的案例。

《巴黎协定》则直接建立了针对所有缔约方的促进履行和遵约机制，因此从公约到《京都议定书》再到《巴黎协定》，遵约机制的实施对象没有发生改变。改变的内容有两方面：一是由于发达国家和发展中国家缔约方在《京都议定书》下承担"二分"的义务，而在《巴黎协定》下承担类似的义务，这种承担义务模式的变迁，导致遵约审查形式上形成了从"二分"到统一的变迁；二是《京都议定书》建立的遵约机制既重视促进履行的功能，也重视不遵约惩罚的功能，而《巴黎协定》只继承了前者。

在机制安排上，实施细则明确了《巴黎协定》的促进履行和遵约机制由一个委员会来实施，不分事务组；也规定了委员会的选举事项等问题。实施细则没有规定委员会是否只能针对某一类型的义务开展工作，但是从触发机制的相应规定来看，委员会可考虑缔约方应履行的任何义务。细则规定委员会可针对任一缔约方开展工作，除《巴黎协定》已对不同缔约方规定了不同义务外，不另行区分发达国家或者发展中国家，但是在工作中应考虑最不发达国家和小岛屿发展中国家的特殊国情和能力不足，以及《巴黎协定》及其透明度实施细则为发展中国家提供的灵活性。

在机制的触发条件方面，《巴黎协定》促进履行和遵约机制有四种触发方式：一是由缔约方自发启动；二是由秘书处启动；三是由委员会启动；四是由缔约方会议启动。各种启动方式针对的内容不尽相同，如表 2-3 所示。

表 2-3　《巴黎协定》促进履行和遵约机制的启动方式

启动主体	针对缔约方	针对履约内容	附加条件
某一缔约方	自身	任何条款的履约	无
秘书处	任一缔约方	提交 NDC（第四条第 2、第 8、第 9、第 13 款）、提交强制性履约报告（第十三条第 7、第 9 款）、参与促进性多边审议（第十三条第 11 款）、发达国家提交资金双年预报（第九条第 5 款）	无
委员会	任一缔约方	所提交强制性履约报告中持续出现的严重违背报告指南（第 18/CMA.1 号决定）问题	征得该缔约方同意
	缔约方群体	多个缔约方存在的系统性履约问题	无
缔约方会议	缔约方群体	多个缔约方存在的系统性履约问题	无

其中秘书处启动所涉及的履约内容基本是"是/否"型内容，如是否提交NDC、是否提交透明度条款下的强制性履约报告、是否参与促进性多边审议、发

达国家缔约方是否提交资金双年预报等。

然而，在"是/否"之外，所提交 NDC 的信息报告是否符合相应导则要求，则需要一定的定量或定性审评，这是目前促进履行和遵约机制实施细则中没有明确的。同时，实施细则也没有明确一些关键问题如何判定，这给促进履行和遵约委员会后续工作带来了挑战。这些问题主要如下。

时效性：是否及如何确定遵约宽限期，即与透明度相关要求的时间截止线相比，何时应启动遵约审议和相应措施。一般而言，对于缔约方何时应提交报告，缔约方会议都会作出相应决定，如第 18/CMA.1 号决定规定，各方应不晚于 2024 年 12 月 31 日提交第一次"双年透明度报告"。但是按照《京都议定书》下的惯例，在实际操作中，并不是缔约方错过了提交报告的截止日期，遵约程序就立即启动，一般都有几个月的缓冲期。然而，在《巴黎协定》下，由于强制性报告是每两年提交一次，如何确定缓冲期，使得缔约方既有一定时间解决各种未尽事宜，又不影响到下一轮报告的准备和提交，是委员会需要在工作中讨论确定的。

持续性：如何定义缔约方持续违背透明度模式、程序和指南。根据促进履行和遵约机制实施细则，在征得当事缔约方同意的情况下，委员会可以就该缔约方持续性违背透明度指南的问题，采取促进履行的措施，但是并未定义什么叫"持续性违背"。《巴黎协定》下的透明度报告每两年提交一次，因此如果将连续 3 次出现的问题认为是"持续性违背"，就意味着跨越了 6 年的时间，如果委员会在这时才启动促进履行程序，其时效性就会大大降低；而如果出现 2 次就触发履行程序，又有可能出现如完善国家质量保证/质量控制体系、更新国家排放因子等难以快速改善的问题来不及解决的客观事实，这在一定程度上干扰当事国自主采取措施完善的积极性。

严重性：如何定义哪些问题属于严重违背透明度指南。无论是《巴黎协定》下的透明度、促进履行和遵约实施细则，还是在公约和《京都议定书》下的实践，都没有对"严重"进行定义或者示例。从既有经验看，专家审评发现的问题一般包括：漏报信息项、笔误、对数据和信息的描述不易理解、数据和信息明显错误、对关键源分析等透明度指南中列出的方法学使用失当、对清单数据透明度和保密性平衡的把握、《京都议定书》履约单位的报告和管理系统维护等。在一份国家温室气体清单报告的审评报告中，审评专家针对这些问题提出的建议和鼓励项目有时高达上百条。这表明，审评专家对何为影响履约的严重性问题并没有严格的标准。

系统性：《巴黎协定》实施细则提出，缔约方会议及促进履行和遵约委员会可以识别并提出多个缔约方在履约时存在的系统性问题。这类问题是公约和《京都议定书》下没有的。然而，实施细则并没有明确何为系统性问题，有多少个缔约方存在类似的问题就可以称为系统性问题，这给实际操作带来了困难。例如，发展中国家在公约下如期提交国家信息通报或者双年更新报告的很少，按时提交第四次双年更新报告的缔约方仅 10 个，占所有发展中国家缔约方的 7%。如果把这种问题作为系统性问题，可以预见的是，促进履行和遵约委员会将很难展开审议，很难得出科学、可行的结论和措施。

频率性：《巴黎协定》及其实施细则为缔约方规定的强制性义务，有的有明确的频率要求，如每五年提交或更新一次国家自主贡献信息，每两年提交一次透明度双年报告等，但也有的没有明确的频率要求。《巴黎协定》第十三条第 11 款规定了每个缔约方都要参与促进性多方审议的强制性义务，但是并没有明确参与频率和次数。缔约方是每次提交透明度双年报告、接受国际专家组审评后，就应参加促进性多方审议，还是只要参加过一次就算履行了这项强制性义务，目前在协定及其实施细则中都没有规定。这使得委员会在实施促进履行和遵约机制细则时，还需要制定更进一步的定量和定性标准。

总的来说，国际气候治理法律体系遵循的规则在过去 30 年间出现了从发达国家与发展中国家"二分"到所有国家统一的变迁趋势。发达国家极力推动这一变迁。美国参议院早在 1997 年就明确表示，不得在单方面为发达国家设立减排义务的条约上签字，因此美国对推动发展中国家与发达国家承担可比的实质性和程序性义务十分积极。发展中国家，尤其是"基础四国"、沙特阿拉伯等发展中大国对这种变迁持消极态度，一方面是这种变迁将为这些国家引入更多的义务，另一方面是这些国家认为承担与发达国家可比的义务，并不符合各国在引起全球气候变化方面有区别的责任、国家发展阶段和能力。而对于小岛屿发展中国家、最不发达国家等则乐见这种变迁，其考虑一方面是气候变化必须尽早得到缓解，才能确保其生存和发展，因此极力推动全球减缓气候变化、为应对气候变化提供资金的努力得到加强；另一方面由于其普遍缺乏人力、科技、资金等资源，各国在谈判增强规则的同时，往往都对这些国家予以豁免，因此这些国家并不担心给他们带来负担。这就导致在国际气候治理法律体系遵循的规则出现从"二分"到统一变迁趋势的进程中，发达国家阵营越发团结，而发展中国家阵营逐渐分裂，导致一些发展中国家逐渐与发达国家形成利益共同体。

2.4 全球气候治理的效果

全球气候治理的效果从不同角度看可以用不同的指标来衡量，这反映了对全球气候治理价值的取舍。

从发展的角度看，开展全球气候治理的基础假设是气候变化带来的影响会损害自然生态系统功能、损害人类社会财富，因此如果全球气候治理有效，就应当体现在自然生态系统功能的稳定甚至提升，以及人类社会财富的增长。然而，无论是自然生态系统功能，还是人类社会财富的提升或者灾害损失的避免，都取决于许多因素，气候变化甚至不是主要因素。尤其是个别特殊生态系统的消失或者功能丧失，并不意味着地球自然生态系统功能的退化，因此从这一角度说，很难衡量全球气候治理的效果。

从实现温升控制目标的角度看，全球气候治理成效应当以气候变化速率的减缓乃至达到预定的定量控制目标为标志。然而，由于气候变化除了人为因素外还受到自然因素的重要影响，即便人为活动因素全部停止，也无法确认气候变化的速度是否一定会减缓、是否一定能实现定量控制目标，尤其是缺乏不采取全球气候治理措施的参照系统。因此，从这一角度也很难衡量全球气候治理的效果。

从实现碳达峰、碳中和等与温室气体排放相关的目标角度看，全球气候治理成效应当以温室气体排放减少为标志。当前主要发达国家和一些发展中国家已经实现了碳达峰，并且提出了碳中和的预期目标；一些发展中国家也提出了碳达峰、碳中和的目标和路线图，应当说全球气候治理取得了一定的成效。然而，这些成效是不是足以实现温升控制目标，尤其是能不能实现可持续发展的目标，还有待进一步分析观察。

然而，仅从减缓问题来看，目前的全球气候治理制度存在很大缺陷，至少从治理效果上看远未达到预期。

正如第 1 章所述，IPCC 科学评估与联合国气候谈判之间形成了互动的关系。2007年发布的 IPCC 第四次评估报告为 2007 年公约第 13 次缔约方大会启动"巴厘岛路线图"进程，直至 2009 年讨论产生不具有法律效力的《哥本哈根协议》和 2010 年缔约方大会通过的《坎昆协议》提供了科学基础。其中，第三工作组报告第 13 章为当时要解决的 2020 年全球减排安排问题，以及着眼远期的 2050 年共同愿景安排提出了科学引导，如表 2-4 所示，其中 450 ppm CO_2 eq 情景与温升 2℃目标一致。

表 2-4　公约附件一和非附件一缔约方相对于 1990 年的减排要求（IPCC，2007）

情景	区域	2020 年	2050 年
450 ppm CO_2 eq	附件一	−40%～−25%	−95%～−80%
	非附件一	拉美、中东、东亚和亚洲实施中央计划的国家比基准排放情景显著降低	所有国家比基准排放情景显著降低
550 ppm CO_2 eq	附件一	−30%～−10%	−90%～−40%
	非附件一	拉美、中东、东亚比基准排放情景降低	多数区域比基准排放情景降低，尤其是拉美和中东
650 ppm CO_2 eq	附件一	−25%～0%	−80%～−30%
	非附件一	维持基准排放情景	拉美、中东、东亚比基准排放情景降低

附件一缔约方和主要的非附件一缔约方虽然按照《坎昆协议》，分别作出了全经济范围量化减排目标和国家适当减缓行动许诺，然而通过分析发现，附件一缔约方作出的 2020 年减排目标仅相当于比 1990 年减排 13%[①]，其中还包括 20 世纪

[①] 根据各国通报给公约秘书处的 2020 年减排目标低值（有些国家提了高低不同的目标值）以及官方温室气体清单数据计算。

90 年代初，苏联和东欧国家社会制度变革带来的经济转型和排放量急剧下降对整体减排数据计算的贡献。

即便减排承诺距离 IPCC 评估值相差甚远，但从实施效果来看，附件一缔约方实际完成的情况更差。根据 2022 年 4 月 15 日发达国家向公约秘书处提交的最新温室气体清单，在 15 个承诺 2020 年量化减排目标的附件一缔约方（欧盟及其 28 个国家作为一个单位集体作出了 1 份承诺）中，除澳大利亚、俄罗斯和乌克兰尚未提交清单报告外，美国、欧盟、日本、白俄罗斯、列支敦士登、摩纳哥 6 个缔约方实现了减排目标；挪威和瑞士实现减排目标的 95% 以上，能通过购买外国减排量实现目标；加拿大和哈萨克斯坦分别仅实现目标任务的 58.8% 和 73.3%；冰岛和新西兰分别比基准年增排 5% 和 26%。与之对照的是，直至 2019 年，15 个附件一缔约方中，就有澳大利亚、加拿大、冰岛、哈萨克斯坦、列支敦士登、摩纳哥、新西兰、挪威、瑞士、美国 10 个尚未做到时间过去 9/10，减排目标进度不到 9/10，如美国到 2019 年才实现目标进度的 76.5%。美国之所以能在 2020 年实现目标，主要是 2019 年底暴发的新冠疫情，使其国内经济停摆，工业、交通排放大幅下降。

从《巴黎协定》下的国家自主贡献（NDCs）看，许多研究已经表明，各国 NDCs 加总距离 IPCC 后续评估报告得出的 2030 年和 2050 年全球减排量存在很大的缺口。如何弥补这一目标缺口，成为当前全球气候治理，包括公约及其《巴黎协定》下谈判的重要议题。然而，解决这一缺口仅靠各国提高未来减排目标承诺无济于事。一方面，过去的承诺无法兑现就已经给实现新承诺奠定了不良基础，尤其是国际信任的损失；另一方面，未来承诺缺乏清晰的技术可行性和政策安排，也让人无法相信这些承诺能够实现，又何况在这些承诺目标基础上再提高数值？

总的来说，通过这一章的分析可以看出，应对气候变化的全球努力之所以能作为一面镜子，成为我们思考和探索未来全球治理模式、推动建设人类命运共同体的借鉴，是具有多方面原因的。首先在于应对气候变化具有全球公共物品属性，积极应对气候变化将为全球总体上带来收益，因此在全球各国、各利益相关方中能形成较为一致的价值认同，得到相对普遍的支持。其次，全球气候治理经过 30

年的发展，在机制上设计、实践、废弃了"自上而下"的合作机制，转而设计并实践"自下而上"的机制，最大限度地尊重了各国主权和主观能动性，减少了国家间的决策冲突，为合作共赢奠定了基础。再次，全球气候治理以公约、《京都议定书》和《巴黎协定》作为国际社会合作应对气候变化的基本法律遵循，构建了以联合国框架下体制安排为核心的国际体系，形成了以国际法为基础的国际秩序，践行了真正的多边主义。最后，全球气候治理形成了以国际法为核心、多元规制体系并存，以主权国家为核心、多元行为体并存，以减排温室气体为核心、多元价值取向并存，以淘汰化石燃料为核心、多元减排途径并存的机制复合体，充分调动了所有利益相关方的参与和作出力所能及的贡献。然而，全球气候治理在发展过程中也发生了演变。其中，最大的演变就是全球气候治理价值取向的转变已经从关注全人类的发展，演变为关注气候变化带来的"危机"，进而聚焦到减少碳排放。

实现治理目标也离不开各国自身的气候行动。在全球"决心努力将气温升幅限制在 1.5℃之内"，认识到这"需要迅速、深入和持续地减少全球温室气体排放，包括到 2030 年全球二氧化碳排放量比 2010 年减少 45%，到 21 世纪中叶左右，实现净零排放，同时大幅减少非二氧化碳温室气体排放"，2021 年底的联合国气候变化格拉斯哥大会"第 1 号决定"（1/CMA.3）首次对各国的能源发展提出了规定，要求"加快削减无减排措施的煤电和低效化石燃料补贴的努力"。预计全球气候治理将就化石能源利用衍生出新的规制体系。

参 考 文 献

何亚非. 2019. 全球治理的中国方案. 北京: 五洲传播出版社.

张海滨. 2021. 全球气候治理的中国方案. 北京: 五洲传播出版社.

Bodansky D. 1993. The United Nations Framework Convention on Climate Change: A commentary. Yale Journal of International Law, 18: 451-558.

IPCC. 2007. Climate Change 2007: Mitigation//Contribution of Working Group III to the Fourth Assessment Report of the IPCC. Cambridge, United Kingdom and New York, NY, USA: Cambridge University Press: 776.

IPCC. 2014. Climate Change 2014: Mitigation of Climate Change. Cambridge, United Kingdom and New York, NY, USA: Cambridge University Press.

Soltau F. 2014. Fairness in International Climate Change Law and Policy. Cambridge: Cambridge University Press.

Wang T, Gao X. 2018. Reflection and operationalization of the common but differentiated responsibilities and respective capabilities principle in the transparency framework under the international climate change regime. Advances in Climate Change Research, 9(4): 253-263.

Yamin F, Depledge J. 2004. The International Climate Change Regime: A guide to Rules, Institutions and Procedures. Cambridge: Cambridge University Press.

第3章

全球气候治理的行动进程

全球应对气候变化从科学问题开始，同时也是国际政治经济全面交织的国际问题。科学界通过 IPCC 汇总评估全球范围内气候变化领域的最新研究成果，为全球治理提供了科学依据及可能的政策建议（巢清尘等，2022）。IPCC 六次评估报告关于气候系统的变化及其归因、气候变化的风险、适应气候变化的紧迫性，以及实现温控目标的路径等结论越来越聚焦于公约目标的实现。从二者的动态进程来看（图3-1），IPCC 在科学基础上支撑了国际气候治理。IPCC 第一次评估报告于 1990 年发布。该报告第一次系统地评估了气候变化学科的最新进展，并从科学上为全球开展气候治理奠定了基础，从而推动 1992 年联合国环境与发展大会通过了旨在控制温室气体排放、应对全球气候变暖的第一份框架性国际文件公约，并在公约的第二条明确了这一目标。1995 年发布的 IPCC 第二次评估报告（SAR）尽管受到了部分质疑，但却为 1997 年《京都议定书》的达成提供了科学支撑。IPCC 第三次评估报告（TAR）开始分区域评估气候变化影响。在之后的 UNFCCC 谈判中，适应议题也逐渐被提高到成为和减缓并重的应对气候变化途径。2007 年发布的 IPCC 第四次评估报告（AR4）开始将温升和温室气体排放结合起来，综合评估了不同浓度温室气体下未来的气候变化趋势，为 2℃被作为应对气候变化的长期温升目标奠定了科学基础。尽管 2009 年达成的《哥本哈根协议》并不具备法律效力，但经此之后 2℃温升目标被国际社会普遍承认。2014 年完成的 IPCC 第五次评估报告（AR5）进一步明确了全球气候变暖的事实以及人类活动对气候系统的显著影响，为巴黎气候变化大会顺利达成《巴黎协定》奠定了科学基础。《巴黎协定》首次凝聚全球各种力量，推动各国共同努力转向绿色低碳的可持续发展路径。2021～2023 年完成的第六次评估报告再一次围绕《巴黎协定》的温升目标和全球碳中和路径，全面评估气候变化事实和影响，量化了人类活动对当前气候变化的贡献，以及如何应对未来气候变化。2021 年 11 月达成的《格拉斯哥气候协定》中，IPCC 第六次评估报告（AR6）第一工作组报告《气候变化 2021：自然科学基础》的核心内容被开篇引用，不仅用来强调应对气候变化的紧迫性，更是从科学角度来最大限度地弥合政治分歧。这一评估周期的结论也将为《巴黎协定》第一次全球盘点提供素材。

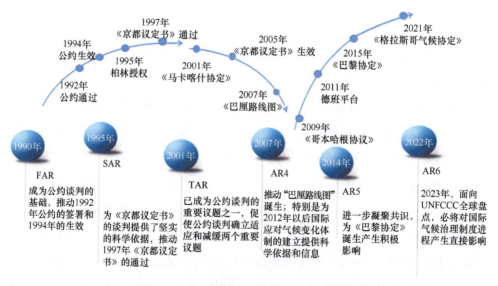

图 3-1 全球气候治理与科学评估的互动进程

尽管联合国气候变化谈判不同于科学研究，但其往往又从需求侧为气候变化科学研究指出了重点方向，在一定程度上指引了当前科学研究的方向，并使这些最新结果最终在 IPCC 的评估报告中得以体现。以气候谈判中长期目标的达成为例，其量化过程就是国际政治谈判引导科学研究方向并利用科学研究的成果实现政治共识的过程。公约第二条以定性描述的方式确立了全球气候治理的长期目标，而其定量化的过程则是多年政治推动的结果。以欧盟为主的政治集团力推长期目标的定量化，早在 1996 年就首次提出将 2℃升温阈值作为长期目标；由于这一目标无法从 IPCC SAR 中得到有力支持，因此在当时并未获得更为广泛的国际认可。在其后的 IPCC 评估报告中，欧盟力推评估温升阈值并将温度目标与排放挂钩，TAR 就涉及将全球增温控制在 2℃以内的相关评估结论。AR4 将气候变化的未来影响直接与温升幅度密切联系起来，强化了气候变化风险评估与价值判断对确立长期目标的重要性。在欧盟等的推动下，2009 年公约第 15 次缔约方大会达成了《哥本哈根协议》，首次明确了 2℃目标。AR5 首次量化评估了 2℃温升目标下的累积排放空间，指出了实现 2℃目标的紧迫性和路径。在一系列气候变化科学评估和政治推动的基础上，2015 年达成的《巴黎协定》将"把全球平均温度上升幅度控制在不超过工业化前水平 2℃之内"的温升目标正式纳入。

除了气候谈判中所遇技术难题在 IPCC 评估报告中能够得到部分解答外，应谈判需求，以 IPCC 为首的科学团体还会为解答气候谈判中的某些具体问题而组织特别报告。当前 IPCC 在第六次评估周期内编写的 3 份特别报告分别为"全球变暖 1.5℃"、"气候变化与陆地"和"气候变化与海洋和冰冻圈"，其中"全球变暖 1.5℃"特别报告就是应公约第 21 次缔约方大会邀请而作。

3.1　国际气候谈判历程与核心条约

3.1.1　公约的建立

随着全球环境问题的不断爆发，气候变化问题也被科学家进行了深入的研究。科学认知水平的不断提高会帮助国际社会越来越深刻地认识人类活动与气候变化之间的关系。由于人类活动所产生的温室气体排放已经威胁到人类社会的安全与发展，虽然人为温室气体的排放具有局域性，但其均匀混合后造成的后果则需要全球一起承担。为了有效地应对气候变化问题，国际社会于 20 世纪 70 年代开始，试图通过国际合作形式应对气候变化问题。通过多方努力，最终在1992年的联合国环境与发展大会上通过了《联合国气候变化框架公约》。公约由与会的154个国家及欧洲共同体的元首或高级代表共同签署，1994年3月正式生效。它奠定了世界各国紧密合作应对气候变化的国际制度基础。

公约由序言及26条正文组成，其核心内容如下。

（1）确立应对气候变化的最终目标。公约第二条规定："本公约以及缔约方会议可能通过的任何法律文书的最终目标是将大气温室气体的浓度稳定在防止气候系统受到危险的人为干扰的水平上。这一水平应当在足以使生态系统能够自然地适应气候变化、确保粮食生产免受威胁并使经济发展能够可持续地进行的时间范围内实现"。

（2）确立国际合作应对气候变化的基本原则，即"共同但有区别的责任"原则、公平原则、各自能力原则和可持续发展原则等。

（3）明确发达国家应率先减排并向发展中国家提供应对气候变化的资金和技术支持。公约的附件对国家做了明确划分，其中附件I国家缔约方（发达国家和经济转型国家）应率先减排。附件II国家（发达国家）应向发展中国家提供资金和技术，帮助发展中国家应对气候变化。

（4）承认发展中国家有消除贫困、发展经济的优先需要。由于发展中国家的人均排放仍相对较低，且历史累积排放远低于发达国家，未来在全球排放中所占的份额将会增加。在积极应对气候变化的同时，经济和社会发展以及消除贫困是发展中国家首要和压倒一切的优先任务。

公约下的相关机构按照其职能划分可以分为三类：一是决策机构，即公约及公约下不同时期的执行协议的决策机构都是其缔约方会议，包括公约缔约方会议、《京都议定书》缔约方会议和《巴黎协定》缔约方会议。二是职能机构，主要指公约下建立的一整套职能机构，负责公约下日常事务的处理，为缔约方谈判和执行协议提供后勤、技术、服务支撑，落实缔约方会议作出的各项决定。职能机构包括公约秘书处、公约附属科技机构和附属实施机构，以及负责具体领域工作的各种委员会、工作组。三是资金机构，包括全球环境基金、气候变化专项基金、适应基金等。

3.1.2　《京都议定书》

由于公约只给出了稳定温室气体浓度这一定性目标，没有具体的量化目标，无法实现公约的最终目标。因此，第一次公约缔约方大会（1995 年召开）决定进行谈判以达成具有明确减排目标的具有法律约束力的国际条约。这一工作最终在 1997 年日本京都召开的公约第三次缔约方大会达成。《京都议定书》在全球气候治理中具有里程碑意义。《京都议定书》首次为附件一国家（发达国家与经济转轨国家）规定了具有法律约束力的定量减排目标，即参照 1990 年的基准平均降低 5% 的温室气体排放量。《京都议定书》还引入了灵活的市场机制，包括国际排放交易机制、清洁发展机制（CDM）和联合履行机制（JI），以促进成本效益高的温室气体减排。

1995～2005 年是《京都议定书》的谈判、签署、生效阶段。《京都议定书》是公约通过后的第一个阶段性执行协议。《京都议定书》作为公约第一个执行协议从谈判到生效时间较长，其间经历美国签约但拒绝批准加入、俄罗斯等国在排放配额上高要价等波折，最终于 2005 年正式生效。其首次明确了 2008～2012 年公约下各方承担的阶段性减排任务和目标。《京都议定书》延续公约将附件一国家区分为发达国家（附件二）和经济转轨国家（见附件 B），由此产生发达国家、发展中国家和经济转轨国家三大阵营。

2007～2012 年，谈判确立了 2013～2020 年国际气候制度。2007 年印度尼西亚巴厘岛举行的联合国气候变化大会上通过了"巴厘路线图"，开启了后《京都议定书》国际气候制度谈判进程，覆盖执行期为 2013～2020 年。根据"巴厘路线图"授权，应在 2009 年缔约方大会结束谈判，但当年大会未能全体通过《哥本哈根协议》，而是在次年 2010 年坎昆大会上，将《哥本哈根协议》主要共识写入 2010 年大会通过的《坎昆协议》中。其后两年，通过缔约方大会"决定"的形式，逐步明确各方减排责任和行动目标，从而确立了 2012 年后国际气候制度。《哥本哈根协议》《坎昆协议》等不再区分附件一和非附件一国家，并且由于欧盟的东扩，经济转轨国家的界定也基本取消。2012 年的多哈气候变化大会通过了 2013 年开始实施《京都议定书》第二承诺期，即《<京都议定书>多哈修正案》。《京都议定书》的第二个承诺期的目标是其附件 B 所列缔约方参照 1990 年的基准自 2013～2020 年至少降低 18%的温室气体排放量。美国从未加入《京都议定书》。加拿大、日本、新西兰、俄罗斯则退出了《京都议定书》第二期。2020 年 10 月 2 日，随着牙买加和尼日利亚批准《<京都议定书>多哈修正案》后，该法案终于满足了必须获得 144 个签字国批准的生效门槛。《京都议定书》确立第二个承诺期在其后 90 天生效。

3.1.3 《巴黎协定》

《巴黎协定》于 2015 年 12 月在公约缔约方第 21 次会议期间达成，2016 年 11 月 4 日正式生效。《巴黎协定》是联合国框架内 195 个国家缔约方代表通过多次谈判，最终达成的国际气候协议，内容涵盖 2020 年起的温室气体减排、气候变化适应及国际资金机制。它是继 1992 年达成的公约、1997 年达成的《京都议定书》之后，国际社会应对气候变化、实现人类可持续发展目标的第三个里程碑式的国际条约。《巴黎协定》的长期目标是"将全球相对于工业革命前温度水平的平均气温升高控制在远低于 2℃，并努力将升温控制在 1.5℃以内，从而大幅度降低气候变化的风险和危害"。《巴黎协定》是为实现公约目标而缔结的针对 2020 年后国际气候制度的法律文件。它确定了"自下而上"国家自主贡献的减排模式和主要框架，具体实施细则还需要进一步谈判确定。共有 195 个缔约方加入了《巴黎协定》，这包括 194 个国家和地区以及欧盟。2016 年特朗普政府上台后，美国正式宣布退出《巴黎协定》。2020 年，随着拜登政府的执政，美国再次回到《巴黎协定》中。

3.2 主要谈判议题

3.2.1 减缓

根据公约第 4.2（a）条的定义"通过限制其人为的温室气体排放以及保护和

增强其温室气体库和汇，减缓气候变化"。减缓指"通过人为干预温室气体排放，减少源、增加汇"，温室气体指"大气中那些吸收和重新放出红外辐射的自然的和人为的气态成分"。受《京都议定书》管控的温室气体有 6 种，《<京都议定书>多哈修正案》将受管控温室气体扩大至 7 种。能产生温室效应的物质不限于温室气体，还包括大气中的颗粒物和气溶胶。减少温室气体排放是减缓的主要途径。

在以化石能源为主要能源的时代，社会经济的快速发展往往伴随着温室气体排放量的显著增加。减排问题涉及各国的切身利益，特别是对于发展中国家而言，减缓是关系到生存和发展的重大问题。减缓不仅面临紧迫性的排放减少数量要求，还有公平的诉求，是气候变化多边谈判中最重要的领域之一。与减缓密切相关的几个议题首先包括减多少的目标问题，具体又分为长期目标、中期目标、短期目标，全球目标、区域目标、国家目标，目标的形式是排放量、浓度还是温度等。此外，还涉及基准年份等国际条约法律约束范围的问题、减缓主体的责任分担问题等，以上都是多边谈判中各方关注的焦点。不同利益诉求决定了谈判阵营中各方立场。欧盟作为气候治理的旗手和深受气候变化不利影响的小岛国联盟力推紧约束的国际减排模式。他们希望各方严格依照 IPCC 科学评估报告结论，设定具有雄心的全球减排目标，实施大幅度温室气体减排，要求各国尽早达到排放峰值，实施国家排放总量减排目标，并以国际法、国内法的形式，保障目标实现。美国等伞形国家整体排放较高，因此倾向于较为宽松的模式，希望各国基于自身条件提出减排目标，建立相关机构对目标实施情况开展审评，督促实现减排目标。对于广大发展中国家而言，发展就意味着增排。因此，更能接受各国根据自身条件自己提出减排目标或减排行动目标的方案。在具体的减排目标上面，各国应遵循公约原则，区分发达国家和发展中国家的历史责任，确定不同类型和程度的减排目标，以保障发展中国家未来发展空间。

《巴黎协定》虽然达成了2℃温控目标及近零排放目标，但各方在减排模式、减排目标、减排责任上的分歧并没有消除。以欧盟、小岛国为代表的主张全球积极减排的国家和国家集团，还将继续利用透明度、全球盘点等《巴黎协定》下的机制，以及公约外的一些政治进程，推动各方提出体现雄心和力度的减排目标。

而全球的主要排放国家也将根据自身经济社会发展、科技进步的趋势，以及在环境问题上政府和民间的认知水平等，动态调整在减排模式、目标、责任等问题上的立场。短期内，2023 年举行的全球盘点已成为各方表达立场并开展博弈的平台，是否提高减排目标、如何提高目标是当时各方博弈的焦点。

3.2.2 适应

公约中定义的适应指"面对气候变化负面影响而采取的应对行动"。《巴黎协定》中提出了提高适应能力和适应恢复力的全球适应气候变化目标。中国《国家适应气候变化战略》中指出，适应是"通过加强管理和调整人类活动，充分利用有利因素，减轻气候变化对自然生态系统和社会经济系统的不利影响"。适应气候变化的议题与减缓气候变化具有同等重要的地位，甚至有一种说法认为减缓是长期的适应。与"减缓"相比，面对短时间内无法改变的气候变化现实，加强气候韧性尤为重要，这凸显了"适应"措施的重要性。IPCC 在 2001 年发布的第三次评估报告中提出"适应是补充减缓气候变化努力的一个必要战略"，认为国际社会应当"总结过去适应气候变化或极端气候事件的经验，制定适应未来气候变化的适应战略"。但是在气候谈判中，适应议题往往被放在减缓之后，重视的程度还不够，表现出"重减缓、轻适应"的倾向，这主要是受发达国家只重视减缓议题的影响。

1995 年公约 COP1 初次对"适应"的资金机制有所涉及，但在之后的几届缔约方会议上，"适应"问题都没有实质性进展。随着 IPCC 对气候变暖的归因、响应等方面的专业化认识逐渐加深，国际社会对"减缓"和"适应"二者相对关系的认知有所改进，具体表现为广大发展中国家对"适应"议题更为关注，并要求在气候谈判中要平衡"减缓"和"适应"的分量。2010 年 COP16 的坎昆会议达成了"坎昆适应框架"，适应议题逐渐增加其在谈判中的比重。2011 年 COP17 的德班会议成立了适应委员会（Adaptation Committee，AC），并在绿色气候资金的启动伊始就要求减缓和适应在资金使用和项目的分配上要各占 50%。2015 年 COP21 的巴黎会议上，通过《巴黎协定》并决定确立了全球长期适应目标、适应信息通报等一系列适应领域的框架性、制度性规定。

对于发展中国家来说，气候脆弱性更为凸显，受影响人群更多。全球气候变化对基础设施建设水平低、抗灾能力差的发展中国家影响更大。极端天气、气温上升、洪水暴雨等极端气候事件给农业、城市基础设施、沿海地区带来了适应气候变化的巨大挑战。因此，发展中国家也普遍将适应议题作为气候治理中的重要关切。

发达国家对适应问题的重视程度远低于减缓问题。首先，适应是对历史排放造成的气候变暖的适应，适应问题很容易与历史排放责任挂钩，相应的补偿或者赔偿机制也应该由发达国家主要出资；其次，发达国家认为适应气候变化属于区域性问题，而非全球性问题，各国应该对各自的适应问题负责，因此不能要求适应领域的全球性经济补偿。因此，发达国家也希望界定适应政策与行动是区域性或局部性的，而非全球行动。

3.2.3　实施手段

实施手段指资金、技术和能力建设等支持实现全球减缓和适应的议题，而它们也是公约及其他条约下谈判的重要内容。

资金议题。公约第 4.3 条规定发达国家要向发展中国家提供新的、额外的资金支持，即气候谈判中所讲的资金问题。《巴黎协定》第二条特别提出了气候资金发展的长期目标，即"使资金流动符合温室气体低排放和气候适应型发展的路径"。公约设置了专门的资金机制来解决履行公约将遇到的资金问题，这是公约的一个特色，很多环境公约都没有设立专门的资金机制，仅仅是依靠现存的多边环境基金来开展相关工作。

在公约初始阶段，全球环境基金（Global Environment Facility，GEF）被指定为资金机制的主要运作实体。此外，还规定气候融资可以通过其他双边或多边渠道进行分配，其中资金的来源和性质主要是各国政府提供的赠款或其他形式的优惠资金。这些资金旨在支持发展中国家在气候变化减缓和适应方面的活动和项目。全球环境基金在很长时间内承担了气候变化领域资金运行和管理的支持工作。之后在公约框架和授权下，各缔约方又陆续建立了一系列专属气候领域的资金机制，包括气候变化特别基金（Special Climate Change Fund，SCCF）、最不发达国家基金（Least Developed Countries Fund，LDCF）、适应基金（Adaptation Fund）及绿色气候基金（Green Climate Fund，GCF）等。资金机制的建立和运行在很大程度上鼓励了发展中国家参与应对气候变化多边合作。《京都议定书》下的清洁发展机制（Clean Development Mechanism，CDM）也在《京都议定书》第一承诺期为发展中国家提供了很有力的支持，极大地提高了发展中国家应对气候变化的积极性。

资金问题各方争议主要在于谁来出资、出资多少、如何分配。资金来源包含两个主要问题，是发达国家出资，还是所有国家共同出资；是从各国政府的公共资金出资，还是通过市场融资。发达国家主张不区分发达国家和发展中国家，所有国家共同出资；资金性质上，则更多是利用市场途径解决资金问题。大多数发展中国家坚持发达国家负有全球气候变暖的主要历史责任，应该是气候资金机制中的主要出资方，而且为了保证应对气候变化资金的稳定供给，发达国家提供的资金应该是以公共资金为主。这些公共资金还应满足新的、额外的要求，反对将其他资金援助包装为气候资金。曾经有方案提出，发达国家应从其财政收入中拿出 1%左右作为全球应对气候变化的"公共资金"。除个别北欧国家外，其他发达国家提供的资金援助要达到 1%还有不小距离。从资金规模来看，发展中国家根据自身应对气候变化需求，提出国家社会支助的资金需求。据测算，发展中国家应对气候变化的资金需求每年为几千亿美元到上万亿美元，远高出《哥本哈根协议》中提出的 1000 亿美元的目标，而且这 1000 亿美元的目标并非公共资金，能实际兑现的比例也并不清晰。显然，资金规模上发达国家和发展中国家还存在较大差距，但无论是公约还是《巴黎协定》，在资金规模上并没有对发达国家施加强制要求，尤其是《巴黎协定》，各国提供的资金援助也是以自愿方式表达。从目前已经到位的资金来看，与 1000 亿目标还有很大差距。从用资的角度来看，谁来用、用在哪里也是各方争议的焦点。这里既有发达国家和发展中国家的博弈，也有发展中国家内部的分配和博弈；而发达国家也利用发展中国家在该问题上的分歧，与部分国家实现一些谈判诉求的交易。

技术。公约第 4.5 条技术转让条款要求发达国家要促进、帮助、支持发展中国家获得环境友好型技术转移和转让，以使他们能够履行公约的要求。《京都议定书》

对技术转移和转让做了更为具体的规定，在"巴厘行动计划"之后技术转移议题成为国际气候谈判中的重要议题之一，一直延续到《巴黎协定》及其实施细则的谈判。《巴黎协定》第 10.1 条指出"缔约方共有一个长期愿景，即必须充分落实技术开发和转让，以改善对气候变化的抵御力和减少温室气体排放"。虽然《巴黎协定》重申了技术合作的重要性，表明技术合作长期性的必要性，但缺乏进一步的落实措施，对发展中国家和发达国家都没有严格的法律约束力。此外，《巴黎协定》第 10.6 条指出，发达国家应向发展中国家缔约方提供资金，以支持技术周期不同阶段的开发和转让合作，首次将资金和技术联系起来，这也是技术议题谈判的一项突破。

气候变化技术主要分为减缓和适应两大类。减缓技术主要涉及可再生能源、交通、建筑、钢铁、水泥等领域的低碳技术；适应技术主要涉及水资源、农业防灾减灾、城市基础设施、海岸带可持续发展和建设等领域的气候韧性技术。技术议题中的知识产权问题是发展中国家和发达国家观点最为对立、分歧最为严重的关键节点。发展中国家认为知识产权保护是阻碍公约下技术转移和转让顺利进展的核心问题，应该寻求开放知识产权的方法和途径。而发达国家认为知识产权保护问题超出了公约管辖和讨论范围，不应在气候谈判中进行实质交流。发展中国家认为环境友好型技术的发明本身就是带有正外部性的。在其研发和推广过程中往往少不了政府的资金支持；在其实际使用过程中同样会产生正的环境收益，也有公益属性。发达国家坚持知识产权问题，实际还是出于国家保护主义考虑，保护其气候友好型产业的全链条竞争力。在发达国家关于知识产权保护问题的强硬立场下，发展中国家做了很多种尝试和妥协。在承认知识产权保护的前提下，发达国家可以出资使发展中国家购买所需要的知识产权使用权，从而实现技术转移；发达国家也可以统一购买发展中国家技术需求清单上的知识产权，然后提供给发展中国家使用，完成直接的技术转让。但是发达国家在技术问题上很坚持，妥协和退让的空间很小，以至于谈判在很长时间内都没有取得实质性的进展。

能力建设。公约第 4.7 条明确指出"发展中国家缔约方能在多大程度上有效履行其在本公约下的承诺，将取决于发达国家缔约方对其在本公约下所承担的有关资金和技术转让的承诺的有效履行，并将充分考虑到经济和社会发展及消除贫困是发展中国家缔约方的首要和压倒一切的优先事项"。因此，1994 年公约签署生效后，广大发展中国家强烈要求发达国家提供支持，用来加强发展中国家应对气候变化能力。第五次缔约方大会（COP5）首次通过了针对发展中国家能力建设的决定（第 10/CP.5 号决定）。决定承认发展中国家需要加强能力建设，强调发展中国家能力建设必须以发展中国家为主，反映发展中国家的优先需要并在发展中国家执行。公约资金机制要为发展中国家提供相应的资金和技术支持。尽管能力建设在应对气候变化行动中具有重要意义，但是其在最初的公约谈判中并不是单独的议题。在 2007 年第十三次缔约方大会（COP13）通过的《巴厘行动计划》中，虽然多处表述了能力建设相关要求，反映了发展中国家在减缓、适应、资金和技术支持等方面能力建设的需求，但能力建设并不是四个核心要素（即减缓、适应、资金、技术）之一。在 2009 年达成的《哥本哈根协议》中表述了要求发达国家提供充足的、可预见的、可持续的资金、技术和能力建设支持的内容。此后，在广大发展中国家的强烈要求和普遍关注下，在由"巴厘行动计划"确定成立的"公约长期合作行动特设工作组"（AWG-LCA）中将能力建设列为独立议题。

为支持发展中国家提高公约履约能力，2001 年第七次缔约方大会（COP7）通过了"马拉喀什协议"，确定了发展中国家能力建设框架，为发展中国家的能力建设活动及后续谈判提供了较明确的指导。该协议指出，要通过多种形式加强发展中国家应对气候变化的能力建设，发达国家应当对发展中国家的能力建设提供资金和技术支持；能力建设应由发展中国家自己主导，应"在实践中学习"，能力建设的基础应是发展中国家已开展的工作及在多边和双边组织的支助下开展的工作。2005 年，《京都议定书》缔约方大会决定，发展中国家的能力建设框架在《京都议定书》的实施中同样适用。2012 年能力建设议题下成立了德班论坛，用以信息交流。在巴黎大会上，能力建设议题建立起第一个国际机制巴黎能力建设委员会（PCCB）。发达国家长期认为能力建设议题在其他议题中均有涉及，不应成为独立议题，而发展中国家应对气候变化能力有限、需求强烈。总体来看，由于能力建设议题没有自己的资金窗口，所以活动零散，发展缓慢，与发展中国家所需支持仍有很大的不足。

3.3 谈判基本格局和主要集团的演化

经过多年的发展和博弈，国际气候谈判的基本格局也在动态中呈现多样化的形式。从 20 世纪 80 年代的南北两大阵营演化为当前的"南北交织、南中泛北、北内分化、南北连绵波谱化"的局面。"南北交织"是指代表发展中国家的南方成员和代表发达国家的北方成员在地缘政治、经济关系和气候治理上存在利益重叠交叉。"南中泛北"主要指一些南方国家因利益诉求与发达国家趋同，开始成为发达国家俱乐部成员，还有一些南方国家经济快速发展成长为有别于欠发达的纯南方国家的新兴经济体，但仍然属于南方阵营。而"北内分化"指北方国家内部出现的不同利益诉求的集团，最典型的是伞形集团和欧盟。然而，这些集团内部也有分化。例如，原欧盟 15 国与后来加入欧盟的原经济转轨国家（波兰和罗马尼亚等）在气候政策的立场上具有较大的分歧。在连续的波谱化演化趋势中，仍可以识别出其中的典型类别，即两大阵营、三大板块、五类经济体。总体来看，南北两大阵营仍然存在，发达国家、新兴国家和欠发达国家三大板块基本可见，五类经济体包括人口增长较快的发达经济体、人口趋稳或下降的发达经济体、人口趋稳的新兴经济体、人口快速增长的新兴经济体、以低收入为特征的欠发达经济体。

在全球治理的进程中，主导谈判的三股力量主要为欧盟、伞形国家集团（美、加、澳、日等）、77 国集团+中国（发展中国家）（图 3-2）。伞形国家集团名称来源与气候治理密切相关，指除欧盟以外的其他发达国家，包括美国、日本、加拿大、澳大利亚、新西兰、挪威、俄罗斯联邦和乌克兰 8 个国家，其地理分布好似一把"伞"，故得此名。欧盟和伞形国家集团所代表的发达国家强减缓弱适应，要求与发展中国家共同减排。77 国集团+中国主要代表发展中国家立场，目前由 134 个发展中国家和中国共同组成。77 国集团+中国则强调适应的重要性，要求发达国家必须率先减排，同时为发展中国家适应及应对气候变化的损失提供资金和技术支持。双方斗争焦点是历史责任、减排力度、资金与技术转让。谈判进程中，不同集团阵营也在不停地演化与分裂。77 国集团+中国内部分化为非洲集团、小岛国集团、最不发达国家集团、基础四国等。欧盟作为一个整体，一直积极参与气候

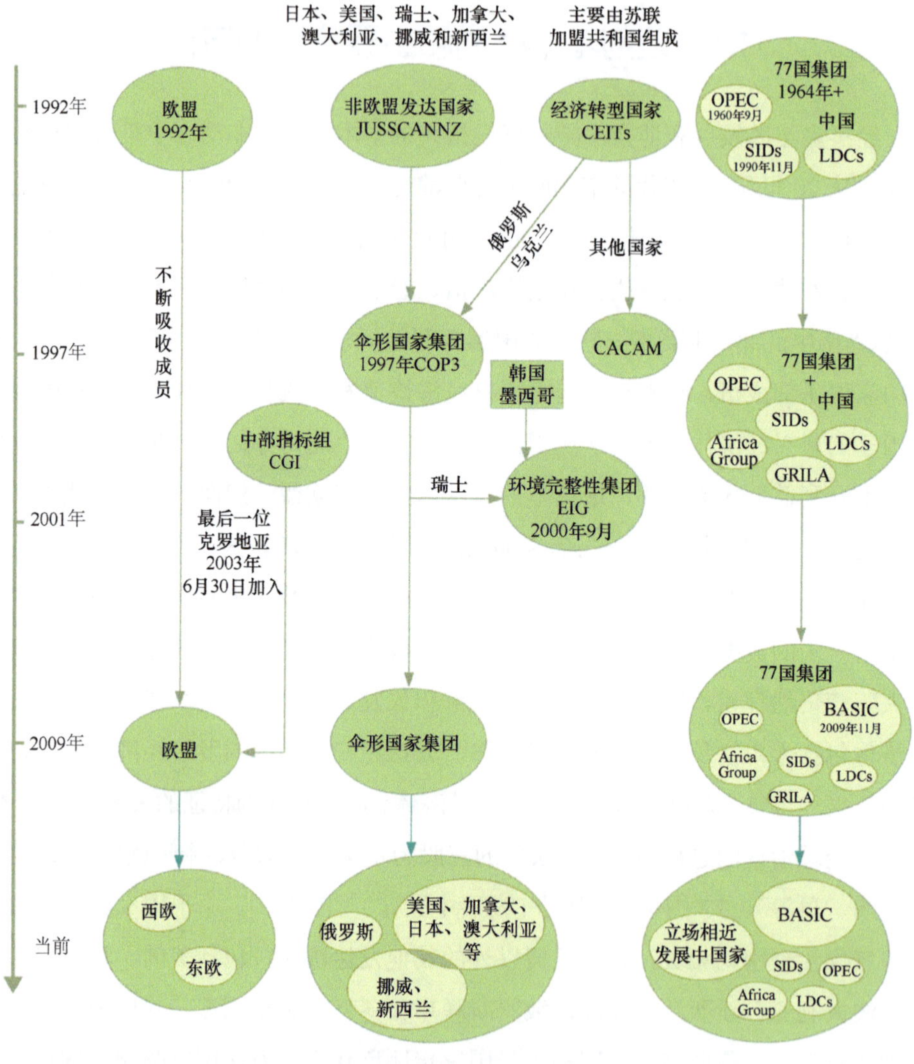

图 3-2　气候谈判中不同利益集团的演化

CACAM（Central Asia, Caucasus, Albania, and Moldova）是由中亚、高加索地区、阿尔巴尼亚和摩尔多瓦组成的一个国家集团；JUSSCANNZ - Japan, the United States, Switzerland, Canada, Australia, Norway, and New Zealand - 日本、美国、瑞士、加拿大、澳大利亚、挪威和新西兰；CEITs – Countries with Economies in Transition - 经济转型国家；OPEC - Organization of the Petroleum Exporting Countries - 石油输出国组织；SIDs - Small Island Developing States - 小岛屿发展中国家；LDCs - Least Developed Countries - 最不发达国家；CGI - Central Group of Indicators - 中部指标组；EIG - Environmental Integrity Group - 环境完整性集团；77 国集团 - Group of 77 - 77 国集团（由发展中国家组成的联盟）；BASIC - Brazil, South Africa, India, and China - 巴西、南非、印度和中国（四国集团）；Africa Group - 非洲集团；GRILA - Group of Latin America and Caribbean Island Countries - 拉丁美洲和加勒比岛国集团

谈判并采取气候行动。伞形国家集团的主要参与方为美国和俄罗斯，美国的气候行动与政策易受国家执政党影响，国家层面的政策存在波动和不连续性，地方政府、城市和企业一直积极采取气候行动；俄罗斯认为气候变暖可能有利于其经济发展，对于全球气候治理的态度不是很积极。小岛国集团易受全球气候变暖导致海平面上升所带来的生存危险，特别关注气候变化，希望获得资金支持。新兴经济体发展中国家是在《巴黎协定》谈判进程中形成的"立场相近的发展中国家集团"，这些国家处于经济社会快速发展期，对碳排放具有刚性需求，同时也希望通过国际资金和技术合作，实现低碳转型发展。

3.3.1 欧盟

欧盟是一个区域一体化组织，2020 年 1 月 30 日英国正式脱欧后，目前有 27 个成员。欧盟对外实行统一安全和外交政策，实行统一关税。欧盟成员作为一个整体参与气候谈判，在国际气候谈判和行动中一直比较积极。欧盟的经济发展较慢、人口老龄化且增长缓慢。欧盟的排放贸易体系和内部一系列能源、气候政策有效促进减排。欧盟超额实现其到 2020 年，在 1990 年排放水平的基础上减排 20% 的目标。对于今后的气候行动，欧盟推出了绿色协议，目标是进一步提高欧盟的 2030 年和 2050 年减排目标，并使欧盟率先实现零碳经济，同时将减排和环保技术打造成欧盟新的经济增长点。同时，欧盟在减排领域也存在成员国立场不一、欧盟预算资金有限，以及边境碳税实施难等诸多挑战。

欧盟虽然同为发达国家，但和仍然处在上升期的美国相比，欧盟的经济增长缓慢、人口老龄化，在欧盟人口整体上保持极其缓慢的增长，但是部分成员国则呈下降趋势。在区域一体化方面，欧盟不仅实现内部取消国界的"申根协议"、统一货币（19 个国家使用欧元，有统一的欧洲银行），而且实行统一关税、统一外交，在国际气候谈判中，欧盟用一个声音说话，集体承诺，对内则通过欧盟直接管理的排放贸易体系和向各成员国分解任务的办法确保目标的实施。

1990~2018 年，欧盟温室气体排放量减少了 23%，但同期 GDP 增加了 61%。根据世界银行的数据，2018 年欧盟的 GDP 是 18.2 万亿美元（2010 年不变价），

1990~2018 年，欧盟的 GDP 以不变价增加了 62.6%。欧盟的人口总量在 1990 年为 4.20 亿人，到 2018 年增加为 4.47 亿人，仅增加了 6.4%。1990~2015 年，可再生能源占欧盟最终能源消费的比例从 6.1%增加到 16.6%。更为重要的是，欧盟经济的能源强度在 1990~2018 年下降了 49.2%。欧盟的绝大部分温室气体排放来自能源供应、交通及工业，占到欧盟总体温室气体排放量的 79%。

欧盟各行业的温室气体排放趋势是，能源供应、工业及住房和商业建筑的排放呈稳定下降趋势。但是，废弃物和农业的排放下降缓慢。同时，交通、航空航海排放呈略微上升趋势，而土地利用、土地利用变化及森林（LULUCF）一直是碳汇，每年为欧盟提供约 2.5 亿 t CO_2eq 左右的净碳汇。这部分原因是欧盟大量采用商业林作为可再生能源，加上秸秆、市政垃圾焚烧发电供暖等，欧盟来自生物质的二氧化碳排放呈上升趋势。为了减少来自民航的温室气体排放，自 2012 年起，欧盟内部的民航排放被纳入了欧盟排放贸易体系。

欧盟早在 2010 年就成立了气候行动总司，并任命欧盟气候委员负责推进相关工作。欧盟的气候政策有两大支柱：一是排放贸易体系，二是各国责任分担。其中，欧盟排放贸易体系涵盖各排放大户，由欧盟直接监管。而各国的责任分担，则是把欧盟的排放目标分解到各成员国，由各国定期制定气候行动计划，并向欧盟报告进展。欧盟的碳排放交易体系从 2005 年投入运行，是世界上第一个国际温室气体排放贸易体系。第三阶段于 2020 年结束，第四阶段是 2021~2030 年。目前，欧盟排放贸易体系的覆盖范围是所有欧盟国家，外加冰岛、挪威和列支敦士登的 11000 多家用能大户，如电厂和大型工业企业，以及在上述国家间运行的航空公司。欧盟排放贸易体系涵盖了欧盟温室气体排放总量的 45%。欧盟排放贸易体系在欧盟的温室气体排放中发挥了重要作用。除了工业和能源行业以外，如建筑、交通、服务业等的温室气体排放，则通过欧盟成员各国之间分解目标的方式，由各国掌控政策实施，并定期向欧盟汇报进展。欧盟建立了一整套温室气体排放监测体系，保证排放数据的真实可靠。

除了排放贸易体系和责任分担外，欧盟的其他通过欧盟层面的立法，其成员国开展了一系列活动，如提高可再生能源占各国的能源消费比例；提高建筑能效和各种设备与家用电器的能效，促进能效提高；为新的小汽车和箱车规定强制性二氧化碳减排目标；支持二氧化碳捕获和封存技术的开发和利用，用于收集和封存来自电厂和大型工业企业的排放。

欧盟的"2020 温室气体减排目标"为在 1990 年排放量的基础上减排 20%。2018 年，欧盟 28 国的温室气体排放量比 1990 年的水平低 20.7%，也就是说，欧盟可以超额完成其 2020 年在 1990 年的基础上减排 20% 的温室气体减排目标。此外，欧盟在其第一份《巴黎协定》自主贡献中设定的目标是到 2030 年温室气体减排 40%，在即将提交的第二份自主贡献中，欧盟计划将这一目标提高到 50%～55%。由于欧盟在 2018 年已经修改了其可再生能源指令和能效指令，跟踪记录各国排放政策和走势的 Climate Tracker 气候追踪预计，欧盟继续其现有政策，可以实现到 2030 年减排 50% 的目标。

3.3.2　伞形国家集团

根据法国巴黎银行基金会（BNP Paribas Foundation）通过对 222 个国家的领土排放量进行测算形成的"全球碳地图"，2018 年全球 CO_2 排放总量为 365.73 亿 t。其中，伞形国家总排放量为 95.81 亿 t，占全球总量的 26.2%。美国和俄罗斯的排放量全球排名分别为第二和第四，而在伞形国家集团中则是排放量最大的两个国家。

1. 美国

美国经济高度发达，现代市场经济体系完善，国内生产总值（GDP）居世界第一位。2019 年，美国 GDP 为 21.4 万亿美元，根据 2010 年不变价计算 GDP 实际增长率为 2.2%。近年来，美国着力优化产业结构，实施"再工业化"战略，推动制造业回流，工业生产保持稳定（中华人民共和国外交部，2021）。美国总人口约为 3.32 亿人，城市化率为 82.26%（世界平均城市化率为 55.27%）。2019 年美国人均 GDP 为 65111 美元，人均可支配收入 45579 美元，同比上涨 2.4%。2018 年，美国基尼系数为 0.49（中华人民共和国外交部，2021），社会经济不平等状况较显著，社会流动性较差。

2018 年，美国二氧化碳排放量约为 54.16 亿 t，约占全球排放量的 15%。美国二氧化碳排放总量于 2000 年达峰，而后进入平台期，整体呈波动下降趋势。美国能源供给以石油和天然气为主，2018 年石油消费碳排放占总排放比重为 41%、天然气消费碳排放占比为 32.5%，天然气在能源消费总量中的占比呈上升趋势。美国实现碳达峰及 GDP 碳排放强度下降与页岩气的广泛使用紧密相关。1998 年，美国页岩气开发技术取得重要突破，引发了第一次"页岩气革命"，页岩气产量增长近 20 倍，且持续增长。2018 年 8 月，美国成为世界最大原油生产国；同年 12 月，美国成为原油净出口国。美国国家环境保护局向公约提交的国家排放清单指出，美国 2005～2012 年的碳排放量下降近 10%；奥巴马政府在《巴黎协定》下也提出了 2025 年实现在 2005 年基础上减排 26%～28% 的全经济范围减排目标。美国联邦政府应对气候变化工作在特朗普政府时期几乎停滞，拜登政府执政后宣布重新加入《巴黎协定》并评估制定新的减排目标。

尽管在特朗普总统上任之后，在气候变化问题上逆转了前任政府的立场，对外宣布退出《巴黎协定》，对内宣布废止"清洁电力计划"，国内气候治理进程出现严重倒退。虽然 2009～2017 年奥巴马在任期间奠定了较为坚实的市场和行动基础，但美国地方政府、城市和企业仍在积极采取气候行动。美国的 50 个州中有 22 个州加入了"美国气候联盟"，并承诺到 2025 年，各州温室气体排放要在 2005 年水平的基础上下降 26%～28%。2017 年，纽约市前市长迈克尔·布隆伯格和加州州长杰瑞·布朗发起"美国承诺倡议"，汇集了 1.2 亿人口（全美一半人口）、筹资 6.2 万亿美元，签署的《我们还在》宣言声明美国不会退出减排行动。2018 年，加利福尼亚州州长杰里·布朗签署的行政令（B-55-18）宣布：可再生能源发电比例将增至 60%，加之土壤和林业碳捕集，2045 年可实现零碳。

美国参与气候治理的最大挑战来自两党在气候变化问题上的分裂。美国两党的气候政策差异与其所代表的利益集团是高度关联的。共和党历来是美国传统能源行业的代言人，主张煤、石油等传统化石燃料的生产和消费，维护传统能源公司的利益；民主党则更关注环境问题和新能源产业以及由此产生的新增就业岗位，因此其大力推动气候变化立法及新能源产业发展。纵观美国历届总统以及国会多数党更迭，基本形成"民主党执政时期，美国加入国际气候治理进程，共和党上台退出协议，民主党再加入，共和党再退出"的交替进程。国际社会也经历了从不适应到适应的过程。当共和党执政远离国际气候治理的时候，国际社会会转移视线，更多关注美国地方和企业层面的行动，并等待美国的再次回归。但是，美国作为全球唯一的超级大国，也是排放大国，其国家层面的政策波动和不连续性必然会对其国内和国际气候治理进程构成挑战。

2. 俄罗斯

俄罗斯位于欧亚大陆北部，地跨欧、亚两大洲，国土面积为 1709.82 万 km²，是世界上面积最大的国家，有世界最大的化石燃料储量，也是石油、天然气、煤炭等有机燃料的主要生产国。2019 年俄罗斯国内生产总值为 1.687 万亿美元，同比增长 2.03%，人均 GDP 为 11497.7 美元，总人口为 1.44 亿人，城镇化率为 74.59%。1917 年建立的苏联是世界上第一个社会主义政权，其通过一系列社会主义改革成为世界强国，作为第二次世界大战的战胜国，苏联成为联合国安理会五大常任理事国之一。1991 年底，苏联解体，国际体系两极格局瓦解。俄罗斯等原苏联国家经济结构随着苏联解体发生剧变，出现了较长时间的经济滑坡。由于经济严重衰退，产业调整重组，其温室气体（特别是 CO_2）排放水平也出现断崖式下降。

作为世界第三大温室气体排放国，俄罗斯是一个国民经济高度依赖能源生产和消费的国家，对全球气候治理的态度一直以来较为谨慎。因为参与全球气候治理而要求其国内采取减排措施，这会对能源部门造成较大影响。俄罗斯出口收入的一半来自能源输出，而气候治理可能影响能源消费格局尤其是减少化石燃料的消费比重，进而影响俄罗斯的外汇收入。

3.3.3 77 国集团+中国

77 国集团是发展中国家在反对超级大国的控制、剥削、掠夺的斗争中逐渐形成和发展起来的一个国际集团。1963 年在第 18 届联大讨论召开贸易和发展会议问题时，75 个发展中国家共同提出了一个《联合宣言》，当时称为"75 国集团"。后来在 1964 年召开的第一届联合国贸易和发展会议上 77 个发展中国家和地区发表了联合宣言，故称为77国集团。1979年77国集团的成员国已增加到120个，但仍沿用了77国集团的名称。77国集团为推动南南合作和南北合作作出了重要贡献。中国虽不是77国集团成员，但一贯支持该集团的正义主张和合理要求。20世纪90年代以来，中国同77国集团关系在原有基础上有了较大发展，并通过"77国集团+中国"这一机制开展协调与合作，代表最广大发展中国家的利益。由于77国集团主要由发展中国家组成，其碳排放总量除中国、印度等新兴发展中国家外，整体排放水平偏低。大部分国家的人均温室气体排放远低于世界平均水平。

1. 基础四国

基础四国（The BASIC Countries）由巴西（Brazil）、南非（South Africa）、印度（India）和中国（China）四个主要发展中国家组成，因四国英文名首字母拼成的单词"BASIC"（意为"基础的"）而得名。这四个国家都是经济发展速度较快、国际影响不断增强的发展中国家，在一些重大问题上具有相近的利益诉求。从发展上看，基础四国植根于金砖五国（巴西、俄罗斯、印度、中国、南非），是这个母体内衍生出的一个专注于气候问题的新集团。作为发展中国家中新兴经济体的代表，这几个国家在国际政治经济格局中的影响力日益扩大，同时由于基础四国整体的温室气体排放增速较快（其中尤以中国和印度为甚），在国际气候谈判进程中逐渐成为一股不容小视的新兴力量。自成立之日伊始，基础四国集团已在历次联合国气候谈判中发挥着令人瞩目的重要作用。

2. 印度

印度独立后至20世纪90年代开始实行全面经济改革前，经济增速一直在3%左右徘徊，至21世纪初期，才逐渐进入快速增长阶段。2002～2007年，印度GDP增速均值达到7.6%。但受欧债危机和国内经济改革不利等因素影响，2010年后印度经济失速，在缓慢的恢复中，2014年总理莫迪上台，通过优化劳动力、资本，加速经济改革，增强消费驱动，改变统计口径等"莫迪经济学"手段，使印度经济增速一度成为世界第一。然而，2016年后，一些过激的改革举措，以及高额的政府债务和金融不良资产，导致印度出现"准衰退"现象。2020年新冠疫情暴发后，世界银行报告称，印度 2020～2021 年的经济增长率将下滑至–3.2%，可能会创下 1991 年经济自由化以来的最差表现。

印度人均 GDP 与经济增长基本保持了一致的发展趋势：总量持续增长，但增速振幅较大。经济增速的波动自然传导到人均 GDP 的增速上，2019 年印度 GDP 达到 2.85 万亿美元，人均 GDP 约 2100 美元。按照世界银行的标准，人均 996～3895 美元属于中等偏下收入国家，印度就属于这一区间。在亚洲国家中，人均 GDP 低于印度的只有 11 个国家，印度基本处于亚洲人均收入最低的国家行列，但其整体经济规模位居世界前列，工业实力在亚洲更是仅次于中国、日本和韩国。人口方面，21 世纪以来，印度人口总量持续增加，但人口增长率则出现显著放缓，人口密度基本保持稳定。印度的人口增长率在过去 20 年中一直在放缓，这归因于贫困的减轻、受教育程度的不断提高及日益提高的城市化水平。根据耶鲁大学对印度 22 个主要州的政府调查，到 2021 年，印度大多数州的替代生育率将达到每名妇女 2.1 个孩子的水平。印度的人口政策经历了从自愿控制到强制控制的过程，尽管一度遭到社会反对，但计划生育一直以来都是印度政府的重点关切，特别是莫迪上台后，控制人口的态度更加坚决，并逐渐显现出成效。

在排放方面，印度近年来温室气体排放量保持了持续增长，但增速有所放缓。印度是仅次于中国和美国的世界第三大温室气体排放国，根据德国波茨坦气候影响研究所（PIK）汇编的数据，印度 2015 年的温室气体排放为 35.71 亿 t CO_2eq。自 1970 年以来，排放量增长了 3 倍，2015 年印度人均排放量为 2.7 t CO_2eq，约为美国的 1/7，不到世界平均水平 7.0 t CO_2eq 的 50%。在印度，温室气体排放量的 68.7% 来自能源部门，其次是农业、工业过程、土地利用变化和林业以及废物，分别占温室气体排放量的 19.6%、6.0%、3.8% 和 1.9%。印度于 2016 年 10 月 2 日，即为巴黎气候谈判提交其气候承诺或"国家自主贡献"（NDCs）的整整一年之后，批准了《巴黎协定》。

3. 南非

南非被誉为"非洲之光"，在经济发展水平、民生幸福指数等指标上遥遥领先于其他绝大多数的非洲国家。20 世纪 60～70 年代，南非被认为是为数不多的准发达国家，经济增长率在全球范围内名列前茅。但是，自 20 世纪 70 年代后期以来，南非存在持续的经济问题，最初是因为其种族隔离政策，许多国家扣留其外国投资并对其施加越来越严厉的经济制裁。后种族隔离时代的南非面临社会整合、重回经济建设等挑战，尽管经济发展基础良好，但由于种族隔离运动后，大量白人精英撤出，导致南非出现了十分严重的人才和资本流失，经济也随之受到重创，至今一蹶不振。

南非经济的结构性矛盾也十分突出。一直以来，南非的支柱产业是采矿业和农业，主要依靠出口拉动增长，因此很容易受到国际市场波动的影响。2008 年国际金融危机爆发，外部需求急剧下降，资源出口型国家普遍遇到困境。南非的矿石出口也不例外，这直接导致了 2010 年后经济的衰退。根据世界银行数据，近 5 年来南非增长基本停滞，人均 GDP 甚至出现下降，作为非洲最大的经济体，2019 年人均 GDP 为 7345.96 美元（按 2010 年美元不变价换算），相较上一年度下降 1.18%。长期来看，若南非不能及时有效地解决电力和交通基础设施落后、对矿业和外资过度依赖、贫富两极分化不断扩大、劳动力技能短缺等问题，其长期经济平均增速将可能在 1.5%左右的低位徘徊。

作为非洲最大的经济体，南非近年来能源消费不断增长。南非能源部门产值在南非 GDP 中所占比重为 15%左右，由于该国煤炭储量丰富，开采成本相对较低，因此能源结构以煤炭为主，煤炭在一次能源供给中所占比重高达 67%。煤电发电量占全国发电量的 90%以上。可再生能源在能源结构中所占比重约为 8%（UNEP，2009）。能源部门产生的温室气体排放在该国总排放水平中所占比重超过 50%，是南非控制温室气体排放的重要领域。

2015 年，南非碳排放量排名全球第 16 位，二氧化碳年排放量 4.17 亿 t，占全球总量的 1.16%，人均碳排放量 7.7t。面对减排和气候变暖的国际压力，南非政府大力发展清洁可再生能源。南非国内能源碳强度在 20 世纪 70 年代末期至 80 年代初期经历过大幅下降后一直稳定在 60t CO_2 CO_2/TJ 左右。1950 年以来，南非碳排放总量呈现不断增长态势。2009 年南非碳排放总量为 348.4Mt CO_2 eq。南非人均碳排放在 20 世纪 80 年代中期达到峰值,此后略有下降,2007 年人均碳排放为 2.48t,是世界平均水平的 1.94 倍。

4. 巴西

巴西具备较强的经济实力,人均 GDP 在发展中国家中排名前列,产业结构接近发达国家水平。2019 年,巴西 GDP 位居世界第 9 位,与意大利总量相当,在拉美排名第一。巴西第三产业产值占 GDP 的近六成,工业增加值仅占 GDP 的 18%。2019 年 3 月,巴西在 WTO 中宣布,放弃发展中国家身份,成为一个人均 GDP 尚无法稳定在 1 万美元以上的发达国家。尽管巴西向来"雄心勃勃",但近 20 年,巴西经济却在高速增长和停滞甚至衰退的周期间不断反复。

5. 小岛国集团

小岛国联盟的人口总数 2017 年达到 6309 万人,GDP 总量达到 6557 亿美元。古巴人口最多,巴布亚新几内亚面积最大,领海面积总和占地球表面的 1/5。小岛国的经济总体情况要好于最不发达国家,但经济规模过小、经济结构单一,脆弱性凸显,应对气候变化能力极弱。从某些指标来看,小岛国的危机甚至甚于最不发达国家。

小岛国内部也有多样性,人口、经济发展水平各有不同。气候变化领域,小岛国主要关注海平面上升带来的社会经济环境影响。小岛国的大多数人口生活在低海拔沿海地区,这些地区的海拔多数低于 10m。这些国家面临海平面上升、风暴潮和洪水等自然灾害极其脆弱。2007 年 IPCC 第四次评估报告指出,2100 年全球升温导致的海平面上升将达到 1.8~5.9m。而这些预测很可能是低估了的,届时,基里巴斯、马尔代夫、马绍尔群岛和图瓦卢将会沉没,这些国家的人口将遭受难以承受的影响。因此,小岛国集团在气候变化中的要求往往最为激进,是全球温控 1.5℃目标的坚定支持者。

小岛国的排放水平并不高,温室气体排放对全球的贡献不足 1%,但这些国家面临的能源结构转型压力却丝毫不比其他国家小。2015~2017 年小岛国联盟国家人均温室气体排放约 4.10t,人均 GDP 约 1 万美元。

3.4 全球气候治理的主要平台和机制

全球气候治理是一个多边的国际合作框架，以各主权国家为主体，涉及众多利益相关方的共同参与。通过气候公约及其补充机制，全球共同努力应对气候变化挑战。虽然控制温室气体排放可能在短期内限制某些国家的发展，并对各国经济和政治利益产生影响，但气候变化的应对也可能成为国际合作的新前沿（姜克隽和陈迎，2022）。人类社会必须通过合理的国际制度安排来应对气候变化，明确各国的责任，并促进国际合作，以实现社会进步与全球气候保护的双重目标。自 1979 年世界气象组织（WMO）举办首届世界气候大会并呼吁全球气候保护以来，到 1990 年国际气候谈判的启动，人类在应对气候变化方面已经走上了制度化和法制化的道路。国际合作机制主要分为两大类：气候公约机制和非公约机制。非公约机制涵盖了定期与不定期、国际与区域、行业与专业等多种机制。这些机制因其独特的定位和功能，在国际气候合作中发挥着多样化的角色和影响力。全球气候治理是一个包容性的多边合作体系，涉及多样的参与方，包括主权国家政府、政府间国际组织以及非国家行为体。主权国家政府作为核心参与者和主导力量，在气候治理中扮演着至关重要的角色。它们在维护国家利益和发展需求的同时，通过参与气候谈判，积极投身于全球气候治理的进程。政府间国际组织在这一体系中发挥着协调和桥梁的作用，其中以气候公约秘书处为核心，还包括政府间气候变化专门委员会（IPCC）、联合国环境规划署（UNEP）、清洁能源部长级会议（CEM）等机构。它们通过整合各国的立场和策略，推动全球气候治理的进程。非国家行为体，如非政府组织（NGOs）、社会团体、私营企业以及个人，也是全球气候治理中不可或缺的一部分。它们不仅积极参与国际谈判和其他气候治理活动，对政府决策产生影响，而且在实施具体气候行动方面承担着重要责任。这些行为体通过自身的努力和创新，为全球气候治理贡献了多样化的解决方案和实施路径。

全球气候治理的运行机制核心是公约，在明确气候变化问题的科学性并达成一致共识的基础上，各主权国家在公约秘书处的协调下，按照"共同但有区别的责任"和"各自能力"原则开展气候谈判,并辅以公约外的政治、经济、技术机制,主权国家、政府间国际组织和非国家行为主体多方参与,逐渐形成多层多圈、多主体博弈的复杂格局,并通过相互影响、合作,共同推动实现全球气候治理目标。

3.4.1　二十国集团

二十国集团作为国际经济合作主要论坛,在国际经济事务中继续发挥着不可或缺的作用。在 2009 年 9 月 24～25 日的二十国集团匹兹堡峰会上,气候变化融资首次成为重要议题。二十国集团在全球应对气候变化政治意愿消极的阶段,为个别议题的突破注入了新的政治动力。2016 年 9 月 3 日二十国集团杭州峰会期间,中美两国向联合国秘书长潘基文交存了各自参加《巴黎协定》的法律文书为推动《巴黎协定》尽早生效作出了重大贡献。2018 年 12 月二十国集团布宜诺斯艾利斯峰会期间,中国和法国外长与联合国秘书长在此次峰会期间重申合作应对气候变化的坚定承诺和决心,为《巴黎协定》实施细则的谈判顺利达成注入了强大的政治动力。二十国集团是推动全球气候治理的重要平台,但是其成员缺乏多数发展中国家代表,还不能取代公约。

3.4.2　上海合作组织

上海合作组织(以下简称上合组织),是现代国际关系体系中具有影响力的参与者。2018 年上合组织青岛峰会将气候变化的影响加剧作为外部环境恶化的大背景之一,凝聚扩容后的各成员国共识,提出了"上海精神"。上合组织成员国重视环保、生态安全、应对气候变化消极后果等领域的合作,是中国推动"一带一路"倡议的重要依托,也是中国提供全球性、区域性公共物品的重要平台。气候变化作为非传统安全尚未成为上合组织的主要议题,中国要在全球气候治理中团结有合作意愿和合作能力的国家,充分利用现有机构和制度的优势,特别是加强能源气候变化领域的合作,应该进一步开发和依托上合组织的机制优势。

3.4.3 亚太经合组织

亚洲太平洋经济合作组织简称亚太经合组织（APEC），是亚太地区重要的经济合作论坛，为地区的和平稳定发展作出了重要贡献。中国一贯重视并积极参与APEC各领域多边合作，并开始主动作为。APEC在2007年9月的第15次领导人非正式会议上首次将气候变化议题作为核心议题加以讨论，通过了《关于气候变化、能源安全和清洁发展的悉尼宣言》。APEC平台下，气候变化议题的显示度日益凸显。随着全球贸易保护主义、逆全球化、民粹主义的抬头，各国普遍将亚太地区的经济贸易稳定寄望于APEC，并希望中国能够发挥更大的作用。

3.4.4 中非合作论坛

中非合作论坛成立于2000年，是中华人民共和国和非洲国家之间在南南合作范畴内的集体对话机制。中非合作论坛是南南合作的典范，是团结和巩固中非友谊的桥梁。中非合作论坛是中国开展特色外交，共建中非命运共同体和构建人类命运共同体的最佳机制（贺文萍，2018）。中国通过这一机制，将基础设施、可再生能源等领域的能力输送到非洲，切实加强非洲国家减缓和适应气候变化的能力，并在某种程度上与欧美形成在非洲利益的平衡。

参 考 文 献

巢清尘, 张永香, 黄磊. 2022. 气候变化与碳达峰碳中和. 北京: 气象出版社.

贺文萍. 2018. "中非命运共同体"与中国特色大国外交. 新华月报, (16): 7.

姜克隽, 陈迎. 2022. 中国气候与生态环境演变: 2021. 第三卷减缓. 北京: 科学出版社.

潘家华. 2018. 气候变化经济学. 北京: 中国社会科学出版社.

王谋, 陈迎. 2021. 全球气候治理. 北京: 中国社会科学出版社.

袁佳双, 张永香. 2022. 气候变化科学与碳中和. 中国人口·资源与环境, (9): 32.

UNEP. 2009. 2009 Annual Report. UNEP.

第4章

气候变化与碳中和

　　气候是人类赖以生存的自然环境，也是经济社会可持续发展的重要基础资源。工业革命以来，人类活动向大气排放了大量的温室气体。在这些人为排放的温室气体中，CO_2 的作用居首位，大气 CO_2 浓度已从工业革命前的 280ppmv 增加到了 2021 年的 415.7ppmv，远远超出了根据冰芯记录得到的过去 200 万年以来的自然变化范围（IPCC，2021）。地球上的碳元素主要储存在大气、海洋和陆地中，如果不考虑人类活动的影响，地球上大气、海洋和陆地之间的碳收支基本上是保持平衡的，大气中的 CO_2 含量也大体上保持稳定。但人类活动改变了大气、海洋和陆地之间的碳平衡，进而引发了一系列的环境问题。例如，大气 CO_2 浓度增加使气候变暖，气候变暖减少了陆地和海洋的碳汇，从而使大气 CO_2 浓度增加，该增加又会使气候进一步增暖。CO_2 在大气中所占的比例仅为 0.04%，但它是大气中非常重要的温室气体。由于温室气体会产生温室效应，哪怕是大气中的 CO_2 浓度只增加 1 倍，也会给全球气候环境带来严重影响。受人类活动的影响，近百年以来全球地表平均气温表现为持续上升的趋势，特别是进入 21 世纪以来，全球平均地表气温一直保持异常偏高状态：2015～2022 年是 1850 年有记录以来最暖的 8 个年份（Forster et al.，2023）。要想阻止全球变暖，就需要使大气中温室气体的浓度保持稳定，实现 CO_2 的净零排放，也就是实现碳中和。

4.1 碳中和对气候系统的意义

4.1.1 气候变暖的物理基础

从组成大气的成分来看，氮气（N_2）占 78%，氧气（O_2）占 21%，氩气（Ar）等约占 0.9%，这些占大气中 99%以上的气体都不是温室气体。而这些非温室气体一般来说与入射的太阳辐射相互作用极小，也基本上不与地球放射的红外长波辐射产生相互作用。也就是说，它们既不吸收也不放射热辐射，对地球气候环境的变化也基本上不会产生什么影响。对地球气候环境有重大影响的是大气中含量极少的许多痕量气体，如 CO_2、CH_4、N_2O 和臭氧（O_3）等。这些气体只占大气总体积混合比的 0.1%以下，但由于它们能够吸收和放射辐射，在地球能量收支中起着重要的作用，能够影响气候发生变化，所以这些气体又被称为温室气体。

人类社会早在二百多年前就对温室效应有了初步的认识。1824 年法国科学家约瑟夫·傅里叶（Fourier）指出，地球的温度因受空气的影响而升高，大气和温室玻璃一样会产生相似的增温结果，这就是"温室效应"这一名称的由来。1839 年英国科学家丁达尔（Tyndall）通过实验测量了大气中微量温室气体对红外辐射的吸收作用，指出水汽和二氧化碳等温室气体含量的变化都能够影响地球气候变化。

1896 年，瑞典科学家阿伦尼乌斯（Arrhenius）发表了一篇题目为《论空气中碳酸对地面温度的影响》的论文——当时的科学界把大气中的 CO_2 称为碳酸（H_2CO_3）。这篇论文非常重要，因为这是人类科学发展史上第一次对温室气体升温效应的定量计算和预测。虽然阿伦尼乌斯并不是第一个提出温室效应概念的科学家，但在他之前没有人能够计算出大气中 CO_2 温室效应的大小，他的这篇论文在人类历史上第一次量化计算出了 CO_2 浓度变化后所引起的全球温度变化幅度。

阿伦尼乌斯发表这篇论文的初始目的并不是为了解决大气中 CO_2 浓度增加引起的全球变暖问题，因为当时还并不存在全球气候变暖问题，并且以当时人类活动向大气中排放 CO_2 的速度来计算，大气中 CO_2 浓度增加 50%需要 3000 年时间；阿伦尼乌斯估计当时每年人类活动排放到大气中的 CO_2 只占大气中 CO_2 总量的千分之一，并且人为排放的 CO_2 中又有 5/6 被海洋吸收，只有 1/6 滞留在大气中。基于上述证据，阿伦尼乌斯计算认为，这 3000 年内大气中 CO_2 浓度增加 50%将引起约 3℃的增温，相当于人类活动造成的增温为每年千分之一摄氏度。

地质年代存在着 10 万年左右的冰期和间冰期循环，这主要是由地球轨道参数的变化引起的。因为地球轨道参数的变化决定了地球接收太阳辐射的多少，太阳辐射变化会通过各种机制引发周期为 10 万年左右的冰期和间冰期循环。但当时阿伦尼乌斯认为，地球轨道参数的变化不是引起冰期和间冰期循环的原因，大气中 CO_2 浓度的变化才是冰期和间冰期变化的主要原因。当时有一种科学观点认为，冰期和间冰期之间的温度差要求大气中的 CO_2 浓度存在 50%以上的变化，但这需要相关的资料和模型来计算验证。阿伦尼乌斯计算后得出的结论是：如果大气 CO_2 浓度下降 1/3，则全球温度将下降 3℃以上；如果大气中 CO_2 浓度增加 50%，则全球温度将升高 3℃以上；如果大气中 CO_2 浓度增加 100%，则全球温度将升高 5℃以上。他的计算还表明，如果大气中 CO_2 浓度增加，则地球上陆地与海洋之间、赤道和温带之间、夏季和冬季之间、白天和夜晚之间的温差都会减小。

阿伦尼乌斯的计算结果表明，如果大气中的 CO_2 以几何级数增加，则全球温度将以算术级数增加，即大气中 CO_2 浓度增加 50%引起 3℃的平均升温等同于大气中 CO_2 浓度减少 33%引起 3℃的平均降温。据此外推可得到大气中 CO_2 浓度增加一倍将引起 5℃以上的平均升温，增加两倍将引起 8℃以上的平均升温。阿伦尼乌斯认为，尽管他的计算还存在不足之处，如对一些碳循环的过程缺乏定量了解，导致尚不能精确给出地球温度升高的速度，但大气中 CO_2 含量的增加是事实，这有可能影响到子孙后代的环境（巢清尘等，2022）。

然而，阿伦尼乌斯没有料到的是，后来大气中 CO_2 含量增加的实际速度远比他预测的快得多。1896 年前后大气中的 CO_2 浓度还不到 300ppm，一个世纪之前的工业化革命初期（1750 年之后）大气中的 CO_2 浓度约为 280ppm，相当于 100 年内增加了 5%左右；而一个世纪之后，2015 年全球大气中 CO_2 的平均浓度就超过了 400ppm，100 多年的时间内增加了 1/3 以上。如果与工业化革命初期相比，则在不足 300 年的时间内大气中 CO_2 的平均浓度已增加了接近 50%，是阿伦尼乌斯所计算的 3000 年增加 50%这一 CO_2 浓度增加速度的 10 倍。

由于受观测资料和模型的限制，阿伦尼乌斯在计算中对水汽的反馈和 CO_2 的辐射效应都存在不同程度的高估。现在科学界一般认为，当时阿伦尼乌斯在计算中使用的水汽反馈使计算得到的地面增温增加了约 30%，他对 CO_2 的辐射效应也高估到实际的 1.5 倍以上。20 世纪 60 年代以后，由于计算机技术的发展，开发复杂的气候模式进行海量计算成为可能，科学家们根据复杂的气候模式计算了大气中 CO_2 增加所引起的全球增温幅度，现在一般称大气 CO_2 浓度加倍所引起的全球增温幅度为"平衡气候敏感性"，也就是大气 CO_2 浓度增加一倍达到平衡状态后会引起多少度的全球平均温升。1967 年美国国家海洋和大气管理局（NOAA）的科学家真锅淑郎（Syukuro Manabe）使用计算机模型得出大气 CO_2 浓度增加一倍后会引起全球升温 2.3℃；20 世纪 70 年代真锅淑郎又开发出了三维的全球大气环流模式（GCM）对气候敏感性进行计算，这种三维的气候模式可以考虑水文要素变化的作用，如雪盖和海冰对气候变化的反馈作用。真锅淑郎三维模式的计算结果表明，在考虑了雪盖和海冰对气候变化的反馈作用后所计算的气候敏感性为 3℃左右，稍大于根据辐射对流模型所得出的计算结果（周天军等，2022）。

1979 年，美国科学院委托麻省理工学院著名的气象学家查尼（Jule G. Charney）建立了一个特别工作组，对 CO_2 与气候变化的关系进行评估，后来发表的评估报告（又被称为查尼报告）认为：大气 CO_2 浓度增加一倍会引起 3℃的升温（不确定性范围为上下各 1.5℃，即升温范围为 1.5～4.5℃）。在此之后的 30 多年来，全球各地的科学家利用各种模型对气候敏感性进行了大量的计算，IPCC 从 1990 年发布的第一次评估报告起也每次都评估气候敏感性的大小，但所有研究所得出的结论基本上相差不大：1990 年发布的 IPCC 第一次评估报告的评估结论是全球升温 3℃（不确定性范围为上下各 1.5℃，即升温范围为 1.5～4.5℃），2013 年发布的 IPCC 第五次评估报告给出的评估结论仍然是全球升温 3℃（不确定性范围为上下各 1.5℃，升温范围为 1.5～4.5℃）（IPCC，2013）。

4.1.2 碳中和的科学内涵

工业化以来煤、石油等化石能源大量使用而排放的 CO_2 和其他温室气体造成大气温室气体浓度升高，温室效应增强，导致工业化时期以来的气候系统变暖。2019 年全球大气中 CO_2、CH_4 和 N_2O 的平均浓度分别为（410.5±0.2）ppm、（1877±2）ppm 和（332.0±0.1）ppm，较工业化前水平分别增加 48%、160% 和 23%。2019 年大气主要温室气体增加造成的有效辐射强迫已达到 3.14W/m^2，明显高于太阳活动和火山爆发等自然因素所导致的辐射强迫，是全球气候变暖最主要的影响因子。2021 年 8 月发布的 IPCC 第六次评估报告（AR6）第一工作组报告《气候变化 2021：自然科学基础》指出，大气中 CO_2 等温室气体浓度的持续增加造成温室气体的辐射效应进一步增强，当前人为辐射强迫为 2.72W/m^2，比 2013 年 IPCC 第五次评估报告（AR5）第一工作组报告所评估的 2.29W/m^2 高 20% 左右，所增加的辐射强迫中约 80% 是大气中温室气体浓度增加造成的。

地球大气中本身就含有一定浓度的 CO_2，陆地和海洋生态系统过程也都能吸收和释放 CO_2，因此大气 CO_2 浓度存在时间和空间上的自然波动。在没有人为排放的情况下，大气中的 CO_2 浓度在年际尺度上基本上保持平衡，自然过程排放的 CO_2 基本上被自然过程吸收，大气 CO_2 浓度保持相对稳定。在人为排放的情况下，人为排放的 CO_2 一部分留在了大气中造成大气 CO_2 浓度升高，另一部分则被海洋和陆地自然过程吸收（1850～2019 年人类活动累积排放的 23900 亿 t CO_2 中约有

14300 亿 t 被自然过程吸收,约占累计排放量的 59%)。在未来人为 CO_2 排放量持续增加的情景下,虽然海洋和陆地会吸收更多人为排放的 CO_2,但吸收的比例会逐渐降低,也就是说,海洋和陆地在降低大气 CO_2 累积方面的碳汇作用会减弱,更多的 CO_2 被留在了大气中。

要控制全球地表平均气温的温升幅度,就需要将人为 CO_2 累积排放量控制在一定范围内,使大气 CO_2 浓度不再增长(排放和吸收之间达到平衡,即实现人为 CO_2 的净零排放,又称为 CO_2 中和或碳中和)。但是,实际温升并不完全是由 CO_2 的温室效应造成的,CH_4、N_2O 等其他非 CO_2 温室气体也对全球变暖有很重要的贡献。因此,要想控制温升,仅使大气 CO_2 浓度不再升高是不够的,还必须要中和掉其他温室气体对全球温升的贡献,实现温室气体中和。由于 CH_4 等其他非 CO_2 等温室气体并不像 CO_2 那样能被自然过程或人工过程[如 CO_2 捕获和封存(CCS)等]吸收,因此实现温室气体中和除了需要大幅减少非 CO_2 温室气体排放之外,还需要通过 CO_2 负排放等手段来抵消 CH_4 等非 CO_2 对升温的贡献。

实现了温室气体中和也并不意味着全球地表平均气温就不再变化,因为人类活动还通过改变土地利用和土地覆盖方式等手段影响气候变化。改变土地利用和土地覆盖方式将使地表反照率发生变化,这就改变了地表和大气之间的能量及物质交换,影响了地表的能量平衡,进而影响气候发生变化。因此,要想真正控制温升,还需要通过中和的方式使人类活动的其他影响也达到净零,也就是实现气候中和。

4.1.3 碳中和与碳排放空间

温室气体排放量、温室气体浓度和全球地表平均气温之间并不存在一一对应的同步变化关系。全球气候变暖的幅度与全球人为 CO_2 的累积排放量之间存在着近似线性的相关关系,也就是说,全球人为 CO_2 的累积排放量越大,全球气候变暖的幅度就越大。2013 年 9 月发布的 IPCC 第五次评估报告第一工作组报告指出,如果将工业化以来全球人为温室气体的累积排放量控制在 1 万亿 t C（36670 亿 t CO_2），那么人类有 2/3 的可能性能够把全球升温幅度控制在 2℃以内；如果把累积排放量放宽到 1.6 万亿 t C，那么只有 1/3 的概率能实现 2℃的温控目标。2021 年 8 月发布的 IPCC 第六次评估报告第一工作组报告进一步确认了全球气候变暖的幅度与全球人为 CO_2 的累积排放量之间存在的近似线性的相关关系，指出人类活动每排放 1 万亿 t CO_2，全球地表平均气温将上升 0.45℃（范围为 0.27～0.63℃）。自工业化以来到 2019 年底，人类活动已累计排放 23900 亿 t CO_2，造成全球地表平均气温比工业化前水平升高 1.07℃。

全球温升和人为累积 CO_2 排放之间的关系可以用游泳池的水量与水位变化来类比：我们可以用一个游泳池里面的水量来代表大气中的 CO_2 含量，用水位高低的变化来代表全球地表温度的变化；如果没有人为碳排放，这个游泳池的水位基本会维持稳定，因为虽然有自然的 CO_2 排放和吸收，但自然的 CO_2 排放和吸收是平衡的，因此在自然状态下这个游泳池的水位是基本上保持稳定的，也就意味着全球地表温度也保持稳定。

但是，由于工业化以来产生了人为碳排放，相当于在泳池上面安装了一个自来水管，自来水管向游泳池中流入的水量就代表人为 CO_2 排放量。这个自来水管自工业化以来不停地向泳池中注水，并且水流量越来越大。这就造成了泳池的水位不断上升，也意味着全球地表温度也在不断上升。只有泳池的水位不再继续上升了，也就是说，自来水管不再向泳池中注水了，全球地表温度也就不再上升了。换句话说，只有在泳池水位保持稳定的情况下（人为 CO_2 排放为净零，即碳中和），全球温升幅度才会稳定在一定的水平上。

但是，由于实际的温升并不完全是由 CO_2 的温室效应造成的，CH_4、N_2O 等其他非 CO_2 温室气体也对全球变暖有很重要的贡献，而二氧化硫（SO_2）等气溶胶又在一定程度上降低了全球地表气温。因此，在计算未来碳排放空间时，还应考虑其他温室气体和气溶胶对全球温升的贡献，同时，还需要考虑气候系统的反馈作用，如未来当全球气温进一步升高时，极地和高原地区的多年冻土会迅速融化，释放出更多的 CH_4、CO_2 等温室气体，反过来又进一步使全球气温升高。地球上冻土面积约占陆地面积的 50%，其中多年冻土面积占陆地面积的 25%。多年冻土的上层是活动层，多年冻土融化会使活动层的厚度相应增加，增加的活动层中的 CH_4 及 CO_2 等温室气体会释放到大气中，加剧全球气候变暖。

此外，由于 CO_2 是长寿命温室气体，在计算达到某一阈值温室水平下的碳排放空间时，还需考虑人为 CO_2 排放达到净零后全球气温的变化（也就是说，即使人为 CO_2 排放达到净零，之前已经排放的 CO_2 的温室效应还会使全球气温继续上升一段时间）。

在综合考虑了非 CO_2 温室气体的贡献等其他因素后，未来累积 CO_2 排放空间会进一步缩小。IPCC 第六次评估报告第一工作组评估报告指出，在 50%的概率下，如果控制 1.5℃温升水平，2020 年后的剩余 CO_2 排放空间为 5000 亿 t；如果控制 2℃温升水平，剩余 CO_2 排放空间为 13500 亿 t。为实现控制 1.5℃或 2℃温升水平的目标，从现在起应逐步降低温室气体排放量。在 1.5℃的情景下，如果假设 CO_2 排放量从 2020 年开始线性下降到净零，则在 5000 亿 t 的约束条件下，需要到 2045 年线性下降到净零（当前全球 CO_2 年排放量约 400 亿 t，按照线性下降计算，则 25 年后降到零）；在 2℃的情景下，需要到 21 世纪后半叶下降到净零（IPCC，2022）。

IPCC 第六次评估报告在未来碳排放空间计算上与之前的评估报告存在差异，主要是由于估算方法的不同（周天军和陈晓龙，2022）。IPCC 在 2013 年发布第五次评估报告第一工作组报告时，分别给出了 1.5℃和 2℃温升控制水平下自工业化以来的累积碳排放空间，数值分别为 22400 亿～22700 亿 t CO_2 和 29000 亿～30100 亿 t CO_2，同时还给出了到 2011 年总的人为历史累积碳排放量是（18900 亿±2600 亿）t CO_2。由于未来碳排放空间问题在 2015 年《巴黎协定》签订以后才逐渐受到国际科学界重视，因此 2013 年 IPCC 在发布的第五次评估报告中并没有直接给出 2012 年以后的排放空间。在对总排放空间和历史排放量做出合理的分布假设的前提下，根据 IPCC 第五次评估报告的数据，可以计算得到 1.5℃和 2℃温升控制水平下 2012 年以后的剩余碳排放空间分别为 2600 亿～4600 亿 t 和

9400 亿～11900 亿 t CO_2。IPCC 第五次评估报告没有考虑未来土地利用变化的碳排放，也没有考虑多年冻土融化释放温室气体等地球系统反馈过程的影响，而实际的升温是多种气候强迫因子共同作用的结果，因此 IPCC 第五次评估报告的评估结果与之后的评估存在一定的差异。

2018 年发布的 IPCC《全球 1.5℃升温特别报告》发展了新的估算未来碳排放空间的框架，其中单独考虑了历史升温的影响，即估算未来碳排放空间首先要估算未来的升温空间。在这个框架下，可以自然引入其他强迫因子对升温的影响。在 IPCC《全球 1.5℃升温特别报告》所发展的新框架的基础上，IPCC AR6 采用了多种约束手段以减小对碳排放空间估算的不确定性范围，使用了最新的排放和温度观测数据，同时综合评估了各种地球系统反馈过程对碳排放空间的影响，包括多年冻土中 CO_2 和 CH_4 反馈，以及与气溶胶和大气化学有关的反馈过程。在此基础上，估算的未来碳排放空间值较之以往更为准确。

4.2　碳中和的国际背景

4.2.1　国际社会达成碳中和的进程

随着对气候变化问题的认识逐渐深化，气候变化已逐渐由最初的气候科学问题转变为环境、科技、经济、政治和外交等多学科领域交叉的综合性重大战略问题。从 20 世纪 70 年代开始，国际社会采取了积极的响应行动，开展了一系列从科学研究到气候变化科学评估和制定相关国际条约的行动。在世界气象组织（World Meteorological Organization，WMO）支持下，1979 年召开了第一届世界气候大会，这是一次以各领域的科学研究人员为主要参会者的科学会议，也是第一次公开将气候变化视为一个严重问题的国际性会议。这届大会探讨了气候变化对人类活动的影响，通过了《世界气候大会宣言》，呼吁各国政府"预见并预防气候变化中潜在的人为变化，这些变化可能对人类福祉产生不利影响"。《世界气候大会宣言》首次提出建立一个政府间气候变化组织，即联合国政府间气候变化专门委员会的历史性决定，"要求在国际和国家一级，在各学科之间进行空前规模的合作"，旨在"提供预见未来气候变化的可能，帮助各国在规划和管理人类活动的各个方面应用气候资料和知识"。宣言同时指出"迫切需要全球协作，探索未来全球气候可能的变化过程，并根据这种新知识制定未来人类社会的发展计划""未来人们通过慎重的干预方式，有可能在一个大范围内引起有限的气候变化。这种行动只有在我们对预测气候变化所要求的气候机制有了基本的了解后才能进行，否则是不可能的，而且在实施前必须达成一个国际协议"。

1988 年为了响应公众和政府对于气候变化的关切，WMO 和联合国环境规划署联合创立了 IPCC，其任务是为政府决策者提供气候变化的科学基础，以使决策者认识人类对气候系统造成的危害并采取对策。同年 12 月，联合国大会（UNGA）第四十三届大会根据马耳他政府"气候是人类共同财富一部分"的提案通过了《为人类当代和后代保护全球气候》的 43/53 号决议，决定在全球范围内对气候变化问题采取必要和及时的行动。

1990 年，IPCC 发布了《第一次评估报告》。1992 年，在巴西里约热内卢召开的联合国环境与发展大会通过了《联合国气候变化框架公约》（简称公约），公约第二条提出要稳定全球大气中温室气体的浓度水平，从而使生态系统能够自然地适应气候变化、确保粮食生产免受威胁，并使经济发展能够可持续地进行。

由于全球气候变暖的温升幅度越大，气候变化带来的影响、风险和威胁也就越大，因此公约"将大气中温室气体的浓度稳定在防止气候系统受到危险的人为干扰的水平上"，设为最终目标，但公约并没有确定什么才是"气候系统危险的人为干扰水平"。根据公约第二条的规定，确定气候系统危险人为干扰水平至少有三个必要条件：①生态系统可以自然适应；②确保粮食生产；③经济可持续发展。公约第二条的这一规定说明如果气候系统经常受到危险的人为干扰，则人为影响将使生态系统不能够自然地适应气候变化，使粮食生产受到威胁，并使经济发展不能够可持续地进行。

公约第二条虽然明确阐述了其最终目标是"将大气中温室气体的浓度稳定在防止气候系统受到危险的人为干扰的水平上，从而使生态系统能够自然地适应气候变化、确保粮食生产免受威胁，并使经济发展能够可持续地进行"，但并没有明确什么是"气候系统危险人为干扰水平"。欧盟的一些科学家根据有关气候变化对生态系统、社会经济系统等的影响结果，提出 2℃是人类社会可以容忍的最高升温。为达到增温不超过 2℃的目标，科学家们设定了不同的温室气体稳定水平来研究不同路径下增温超过 2℃的可能性。研究发现，即使温室气体浓度稳定在 400ppm，增温超过 2℃的可能性也有 33%；而当温室气体浓度稳定在 550ppm，全球增温超过 2℃的可能性将达到 100%。因此，欧盟认为温室气体浓度应稳定在 450ppm 以下。其他一些研究也指出，如果升温幅度超过 2℃界限，气候突变的可能性和危险性会大大增加，某些极端气候事件可能会出现，如南极西部和格陵兰的冰架会融化并崩塌、热盐环流会减弱甚至关闭、陆地森林和土壤由净碳汇转变为净碳源、农业严重歉收、遭受水资源短缺威胁的人口将会增加 20 亿人、世界95%的珊瑚礁遭受威胁、重要陆地生态系统（包括亚马孙热带雨林）遭受不可逆转的损害等。

气候变化危险水平取决于气候变化的程度与速率、气候变化影响的后果，以及减缓和适应气候变化的能力。科学研究、技术进步和经济社会的发展为判断气候变化危险水平提供了支撑；IPCC 在 1995 年发布的第二次评估报告中提出，如果全球平均温度较工业化革命前增加 2℃，则气候变化产生严重影响的风险将显著增加。据此，欧盟于 1996 年第一次提出了 2℃升温阈值的长期目标。之后的科学研究，包括 2001 年发布的 IPCC 第三次评估报告都进一步支持了将全球增温限制在 2℃以内的这一论点。例如，对于生态系统和水资源来说，温度较工业化前增加 1~2℃就会导致明显的影响。一旦全球增温超过 2℃，预计气候变化对粮食生产、水资源供给和生态系统的影响将显著增加，一些不可逆的灾难性的事件将出现。2007 年发布的 IPCC 第四次评估报告在对气候变化已经产生的经济、社会和环境影响进行科学评估后，将气候变化的未来影响直接与温度升高密切联系。2014 年发布的 IPCC 第五次评估报告指出，相对于工业化前温升 1℃或 2℃时，全球所遭受的风险处于中等至高风险水平，而温升超过 4℃或更高将处于高或非常高的风险水平。

2009 年底公约第 15 次缔约方会议达成了《哥本哈根协议》，该协议接受了 2℃目标。虽然《哥本哈根协议》没有得到公约缔约方的一致认可，也不具有法律效力，但《哥本哈根协议》的达成对于长期目标的量化进程起到了关键作用。2010 年底公约第 16 次缔约方会议再次确认了 2℃目标，并指出必须从科学的角度出发，大幅度减少全球温室气体排放。2℃温升目标自此成为一个全球性的政治共识。

1.5℃目标和 2℃目标一样，也是科学家针对未来气候变化研究的一种假设目标。这个目标和 2℃目标一样早就被提出。寻求比 2℃更低的长期目标一直是小岛国等受海平面威胁的国家的诉求。小岛屿国家（AOSIS）和最不发达国家（LDC）认为 2℃温升对于易受影响的脆弱地区仍具风险，一直试图推动将全球温升目标从 2℃降低到 1.5℃。2007 年，小岛屿国家曾就长期目标提交了一个详细的提案，就 1.5℃目标及其可能的实现路径做了阐述。这些以气候最脆弱国家自居的集团一直试图与欧盟一起推动更低的长期目标。在《哥本哈根协议》中，提及要考虑包括 1.5℃在内的与公约第二条相关的长期目标，但该协议最终没能形成具有法律效力的文件。

随着对全球气候变化研究的深入，科学界对全球温度对累积 CO_2 排放的响应做了详细分析。一些研究表明，全球范围内，每万亿 t C 的 CO_2 排放量导致平均气温升高（1.7±0.4）℃，不同区域的升温幅度不同，如北美洲（2.4±0.4）℃；阿拉斯加（3.6±1.4）℃；格陵兰岛和加拿大北部（3.1±0.9）℃；北亚（3.1±0.9）℃；东南亚（1.5±0.3）℃；中美洲（1.8±0.4）℃；东非（1.9±0.4）℃。基于区域和影响相关的气候目标的 CO_2 允许排放量的研究也表明，全球升温控制在 2℃的目标无法满足世界上许多区域的要求。例如，对于地中海而言，如果全球平均温度升高 2℃，那么该地区的平均温度升高为 3.4℃；而如果地中海的温升幅度限制在 2℃，那么全球的温升幅度必须不超过 1.4℃。对于北极而言，如果全球平均温度升高 2℃，该地区的平均温度升高幅度则为 6℃；如果北极温升幅度控制在 2℃，全球的温升幅度则为 0.6℃。从科学的角度来讲，2℃作为全球温升目标的确存在一定的局限性。

2015 年召开的巴黎气候变化大会（COP21）最终将"把全球平均气温升幅控制在工业化前水平以上低于 2℃之内，并努力将气温升幅限制在工业化前水平以上 1.5℃之内"列为《巴黎协定》的主要目标。但由于当时科学界并没有就 1.5℃温升情况下的气候系统风险、实现路径等进行系统评估，因此 IPCC 接受公约的邀请，决定在 2018 年就全球 1.5℃温升对气候系统的影响，以及实现这一目标的全球温室气体排放路径形成一份特别评估报告。

虽然 1.5℃目标与 2℃目标之间仅有 0.5℃的差距，但对于全球的减缓行动而言，1.5℃目标相对于 2℃目标有着更高的要求。就全球低碳转型来看，实现全球碳中和的速度是关键因素。若要实现 1.5℃目标，能源系统的脱碳速度要大幅增加。不管是在 1.5℃目标还是在 2℃目标下，电力行业到 2050 年都应实现零排放。除了电力行业，在 21 世纪的前半叶，工业、建筑和交通领域也需要加大减排力度。总之，相比 2℃，1.5℃对全球的减排路径提出了更为严苛的要求。

虽然《巴黎协定》在第二条中规定了全球温升控制目标，但并没有提出碳中和、温室气体中和或气候中和的概念，也没有给出碳中和的实现路径，仅在第四条中提出全球要在 21 世纪下半叶实现人为源的温室气体排放与汇的清除量之间达到平衡。2018 年 10 月 IPCC 发布的《全球 1.5℃升温特别报告》基于模式结果评估认为，实现 1.5℃温升需要大幅减少 CO_2 及 CH_4 等非 CO_2 排放，使全球 2030 年 CO_2 排放量在 2010 年基础上减少约 45%，并在 2050 年左右达到净零排放；实现 2℃温升需在 2070 年左右达到净零排放。IPCC AR6 第一工作组报告评估了从很高到很低 5 个排放情景的温升，评估认为，仅有很低和低两种排放情景可分别实现 1.5℃和 2℃的温升控制目标：很低排放情景下，全球温室气体排放量需从 2020 年开始下降，到 2050 年左右实现 CO_2 的净零排放并在之后达到 CO_2 的负排放；在低排放情景下，全球温室气体排放量也需从 2020 年开始下降，到 2070 年左右实现 CO_2 的净零排放并在之后达到 CO_2 的负排放。

实现 1.5℃和 2℃温控目标还需要大幅减少非 CO_2 的排放，其中 CH_4 和 SO_2 的排放量会显著影响温控目标的实现概率。综合来看，短寿命气候强迫因子（这些因子多数与空气污染相关）在 21 世纪内一直为增温效应，虽然未来减排 SO_2 等气溶胶会产生增温效应，但会被减排 CH_4 所带来的降温作用部分抵消。在多数情况下，1.5℃温控目标下的非 CO_2 减排力度与2℃目标下接近，并且这样的非 CO_2 减排力度基本上已经达到了极限，无法再进一步加大。能源和交通等部门的 CO_2 减排措施会直接导致非 CO_2 排放的减少，其他如 HFCs、农业部门的 N_2O 和氨（NH_3）、部分黑碳（BC）等排放的减少需要特定的减排措施。如果在排放情景中假定生物质能的使用增加，则 N_2O 和 NH_3 的排放量也会相应增加。《全球 1.5℃升温特别报告》评估认为，实现 1.5℃温控目标要求全球 2050 年黑碳排放量在 2010 年基础上减少 48%～58%、SO_2 排放量减少 75%～85%、氟化物排放量减少 75%～80%。《全球 1.5℃升温特别报告》评估认为，未来 CH_4 减排潜力是有限的，到 2050 年 60%～80%的甲烷排放主要来自于农业、林业和其他土地利用等部门，说明与农业、林业和其他土地利用相关的 CH_4 减排非常重要但难度较大。IPCC AR6 第一工作组报告评估也认为，有力、快速和持续地减少 CH_4 排放也将限制气溶胶污染下降所产生的变暖效应并改善空气质量，与《全球 1.5℃升温特别报告》的评估结论较为一致。

4.2.2　在可持续发展背景下实现碳中和

1972 年 6 月，联合国人类环境会议在瑞典斯德哥尔摩召开，这是人类历史上第一次在全世界范围内共同探讨环境问题、提出保护全球环境战略的会议。会议通过了《联合国人类环境会议宣言》，提出了"只有一个地球"的口号，阐明了与会国与国际组织取得的七点共同看法，公布了 26 项指导人类环境保护的原则。宣言指出，环境问题不仅仅是环境污染问题，还包括生态破坏问题，宣言还阐述了环境与人口、资源和发展的密切联系，提出要从整体上来解决环境问题。这是人类共同保护环境的第一步，也是人类环境保护史上的第一座里程碑。

近半个多世纪以来，随着世界经济和人口的迅速增长，人类社会面临着全球环境变化带来的严峻挑战。过去 50 年来世界经济快速发展，全球 GDP 由两万亿美元增长至目前一百万亿美元的规模，半个世纪内几乎增加了 50 倍；20

世纪 60 年代全球人口约为 30 亿人，此后以大约每十几年增加 10 亿人的速度增长，到 2024 年全球人口总数已接近 80 亿人，半个多世纪的时间增加了一倍多。同时，由于半个多世纪以来全球医疗卫生条件的改善，人口预期寿命也得到了极大提高，世界人口预期寿命从 20 世纪 60 年代之前的不到 50 岁增加到目前的接近 70 岁，预计到 21 世纪中叶世界人口的预期寿命将会超过 75 岁。1900 年之前世界上只有 1/10 左右的人口居住在城市，到 21 世纪初城镇人口已达到世界总人口的一半以上。随着人类经济社会的快速发展，人类征服自然环境的足迹遍布全球，人口的增加和城市化进程使人类将自己的领地在自然界中无限扩张，造成生态破坏、其他物种栖息地减少，带来了资源消耗的加剧、生存空间的紧张，各种新化学物质和材料的不断问世也给环境造成了难以消除的污染。进入 20 世纪 80 年代后，臭氧层破坏、酸雨和温室效应成为三大全球性大气环境问题，此外，大面积的生态破坏、森林减少、草场沙化、土地荒漠化严重等问题也在各国广泛出现。1987 年，挪威首相布伦特兰领导的世界环境与发展委员会发布了关于人类未来的报告《我们共同的未来》，在这部报告中第一次提出了"可持续发展"的概念，提出了可持续发展是在满足当代人的需求的同时，又不损害子孙后代利益的发展方式。可持续发展概念的提出有利于促进经济增长方式由粗放型向集约型转变，使经济发展与人口、资源、环境相协调。

在工业革命以前，人类活动虽然对自然造成了一定程度的破坏，但人与自然的矛盾还未充分显露。工业革命以来，由于自然科学的发展、生产技术的进步，人类在创造巨大物质财富的同时，也对自然环境造成了严重破坏，导致人与自然关系失衡。恩格斯曾指出："我们不要过分陶醉于对自然界的胜利，对于每一次这样的胜利，自然界都报复了我们。"这就意味着，人类应该尊重自然规律，协调好人与自然的关系，做自然的伙伴、朋友，而不是仆人或主人。因此，人类尊重、顺应、保护自然是为了实现人与自然和谐发展，走向生态文明。

碳达峰、碳中和已经被纳入我国生态文明建设整体布局，这充分展示了我国作为负责任大国的担当，为国际社会应对气候变化和全面有效落实《巴黎协定》

注入了强大动力。党的二十大工作报告明确指出：中国式现代化是人与自然和谐共生的现代化，要围绕推动绿色发展，促进人与自然和谐共生。报告指出，要站在人与自然和谐共生的高度谋划发展，推进美丽中国建设。当前我国经济已由高速增长阶段转向高质量发展阶段，高质量发展需要坚定不移贯彻创新、协调、绿色、开放、共享的新发展理念，绿色低碳发展不仅是衡量可持续发展成效的重要标尺，也是促进可持续发展的有效手段。

4.3　碳中和关键科学问题的认识辨识

4.3.1　关于碳中和的定义

碳中和指的是人为排放和人为加自然吸收之间的中和，也就是说，人类活动排放的 CO_2 中的一部分被自然过程吸收，余下部分通过人为过程吸收（如通过生态系统建设吸收 CO_2，或把 CO_2 收集后转为工业品或封存于地下），排放量与固碳量相等则为碳中和；并认为若假定未来几十年碳循环方式基本不变，尤其是海洋吸收23%的比例不变，则人类活动排放的留在大气中的46%那部分才是中和对象。根据 IPCC 第六次评估报告定义，碳中和指的是人为排放和人为吸收之间的中和，不受自然过程的影响。也就是说，不受人为控制的自然过程所排放和吸收的 CO_2 不能被用来计算碳中和。此外，碳中和在不同尺度上的含义存在差别，只有在全球尺度上碳中和才等同于净零排放。

在没有人为排放的情况下，大气中的 CO_2 浓度虽然存在季节变化，但在年际尺度上基本保持平衡，也就是说，每年自然过程排放的 CO_2 基本上被自然过程吸收，大气 CO_2 浓度保持相对稳定。在存在人为 CO_2 排放的情况下，虽然一部分排放会被海洋和陆地自然过程吸收，但大部分人为排放的 CO_2 留在了大气中，造成大气 CO_2 浓度的升高。IPCC 第六次评估报告第一工作组报告评估认为，1850～2019 年人类活动已累计排放了 23900 亿 $t\ CO_2$，其中约 14300 亿 t 被海洋和陆地自然过程吸收，约占累计排放量的 59%。在未来人为 CO_2 排放量持续增加的情景下，虽然海洋和陆地会吸收更多的人为 CO_2 排放，但所吸收的 CO_2 占人为排放量的比例会逐渐降低，也就是说，海洋和陆地吸收人为排放 CO_2 的比例并不是保持不变的，未来海洋和陆地吸收 CO_2 的碳汇作用会相对变弱，人为排放的 CO_2 将有更多的比例被留在了大气中。

4.3.2 关于碳排放空间的计算

全球气候变暖的幅度与全球人为 CO_2 的累积排放量之间存在着近似线性的相关关系，人类活动每排放 1 万亿 t CO_2，全球地表平均气温将上升 0.45℃（范围为 0.27～0.63℃）。自工业化以来到 2019 年底，人类活动已累计排放了 23900 亿 t CO_2，造成全球地表平均气温比工业化前水平升高了 1.07℃。如果要控制全球地表平均气温的升高幅度，就需要将人为 CO_2 累积排放量控制在一定范围内，即实现"碳中和"。

但是，由于实际温升并不完全是由 CO_2 的温室效应造成的，CH_4、N_2O 等其他的非 CO_2 温室气体也对全球变暖有很重要的贡献，因此，要想控制温升，仅使大气 CO_2 浓度不再升高是不够的，还必须要中和掉其他温室气体对全球温升的贡献，实现"温室气体中和"。由于 CH_4 等其他非 CO_2 等温室气体并不像 CO_2 那样能被自然过程或人工过程（如 CCS 等）吸收，因此实现温室气体中和除了需要大幅减少非 CO_2 温室气体排放之外，还需要通过 CO_2 负排放等手段来抵消 CH_4 等非 CO_2 对增暖的贡献。

实现了温室气体中和也并不意味着全球地表平均气温就不再变化，因为人类活动还通过改变土地利用和土地覆盖方式等手段影响气候变化。改变土地利用和土地覆盖方式将使地表反照率发生变化，这就改变了地表和大气之间的能量以及物质交换，影响了地表的能量平衡，进而影响气候发生变化。因此，要想真正控制温升，还需要通过中和的方式使人类活动的其他影响也达到净零，也就是实现"气候中和"。

也就是说，不管是碳中和、温室气体中和还是气候中和，其最终目的都是为了控制全球温升水平，是为了降低气候变化对自然和人类系统的影响。如果碳中和的对象仅仅是人类所排放的温室气体中留在大气中的那一部分，那么人类排放的未被中和的那部分温室气体将会继续影响陆地和海洋的自然生态系统，继续造成海洋酸化等不利影响，从而使减缓气候变化的目的并没有实现。因此，碳中和或温室气体中和的对象一定是人类活动所排放的所有 CO_2 或温室气体，而不是仅留在大气中的那一部分。

要想将全球地表平均气温的上升幅度控制在不超过工业化前 1.5℃ 或 2℃，则需要国际社会在各个层面作出快速、深刻和前所未有的变革。虽然控制温升的路径不是单一的，可以存在多种情景，但都要求实现人为温室气体的深度减排并最终达到气候中和。IPCC 第六次评估报告第一工作组报告指出，如果在 50% 的概率下控制 1.5℃ 温升水平，2020 年后的剩余 CO_2 排放空间为 5000 亿 t；如果控制 2℃ 温升水平，剩余 CO_2 排放空间为 13500 亿 t。

4.3.3 关于碳排放趋势

全球碳排放增加的原因主要是人口增长和经济增长，如 2010～2019 年这 10 年间，人均经济增长使全球人为 CO_2 排放量平均每年增加 2% 以上，人口增长则使全球人为 CO_2 排放量平均每年增加 1% 以上，但能源强度（每单位产值所消耗的能源量）和碳强度（每单位产值所排放的 CO_2 量）的降低又使全球人为 CO_2 排放量平均每年降低 2% 左右。因此，2010～2019 年这 10 年间全球人为 CO_2 排放量平均每年增加不到 1%（IPCC，2023）。

根据全球碳项目（GCP）发布的最新统计数据，2020 年中国、美国、欧盟、印度包括能源活动和水泥生产过程的 CO_2 排放量分别为 107 亿 t、47 亿 t、26 亿 t 和 24 亿 t。从 2020 年人均化石能源 CO_2 排放量来看，中国为 7.4t，美国、欧盟 27 国和印度分别为 14.2t、5.8t 和 1.8t，世界平均为 4.5t。中国人均排放量虽然仅为美国的 1/2，但远高于印度和世界平均水平，也比欧盟 27 国人均水平高出 28%。即使以消费端的排放进行统计，中国每年化石燃料 CO_2 排放量也高于 90 亿 t，是世界上排放量最大的国家。中国 CO_2 排放量迅速增加的主要原因是经济的快速增长，同时中国的能源强度和碳强度也在迅速降低。例如，以 2010 年美元价格计算，1980 年中国每产生一美元（按购买力平价换算）的经济产值就要排放

2500g CO_2，到 2000 年时已下降到 800g 左右，2020 年进一步下降到 440g 左右。但是，与全球平均水平相比（300g 左右），中国的碳强度仍然偏高，同时也远高于欧美发达国家水平，如欧盟 27 国的碳强度为 170g，中国的碳强度是欧盟平均水平的 2.6 倍。

从能源消费结构来看，2020 年中国能源消费占比为煤炭（56.8%）、石油（18.9%）、水电风电等一次电力及其他能源（15.9%）、天然气（8.4%），化石燃料占比达到 84.1%，以化石燃料为主的能源结构短时间内难以改变。实现"双碳"目标要求中国必须迅速调整能源结构，提升清洁能源和可再生能源占比。

参 考 文 献

巢清尘, 张永香, 黄磊. 2022. 气候变化与碳达峰碳中和. 北京: 气象出版社.

丁一汇. 2009. 全球气候变化中的物理问题. 物理, 38(2): 71-83.

黄磊. 2014. 探究气候变暖的原因. 百科知识, 4(上): 41-45.

周天军, 陈晓龙. 2022.《巴黎协定》温控目标下未来碳排放空间的准确估算问题辨析. 中国科学院院刊, 37(2): 216-229.

周天军, 张文霞, 陈德亮, 等. 2022. 2021 年诺贝尔物理学奖解读: 从温室效应到地球系统科学. 中国科学: 地球科学, (7): 579-594.

Forster P M, Smith C J, Walsh T, et al. 2023. Indicators of Global Climate Change 2022: annual update of large-scaleindicators of the state of the climate system and human influence. Earth System Science Data, 15: 2295-2327.

Friedlingstein P, O'Sullivan M, Jones M W, et al. 2020. Global carbon budget 2020. Earth System Science Data, 12(4): 3269-3340.

IPCC. 2013. Climate Change 2013: The Physical Science Basis//Stocker T F, Qin D H, Plattner G K, et al. Contribution of Working Group I to the Fifth Assessment Report of the Intergovernmental Panel on Climate Change. Cambridge: Cambridge University Press.

IPCC. 2021. Climate Change 2021: The Physical Science Basis//Masson-Delmotte V, Zhai P, Pirani A, et al. Contribution of Working Group I to the Sixth Assessment Report of the Intergovernmental Panel on Climate Change. Cambridge: Cambridge University Press.

IPCC. 2022. Climate Change 2022: Mitigation of Climate Change//Shukla P R, Skea J, Slade R, et al. Contribution of Working Group III to the Sixth Assessment Report of the Intergovernmental Panel on Climate Change. Cambridge: Cambridge University Press.

IPCC. 2023. Climate Change 2023: Synthesis Report//Core Writing Team, Lee H, Romero J. Contribution of Working Groups I, II and III to the Sixth Assessment Report of the Intergovernmental Panel on Climate Change. Geneva, Switzerland: IPCC: 184.

第 5 章

全球和主要国家面向碳中和的行动

温室气体（GHG）排放包括化石燃料燃烧和工业过程（FFI）产生的 CO_2 排放，农业、林业和其他土地利用（AFOLU）产生的 CO_2 排放，以及 CH_4 和 N_2O 等非 CO_2 温室气体排放。为更好地理解全球碳中和的进程，需要了解相应的历史排放趋势和特点、驱动因素，以及所采取的政策措施。本章将详细介绍全球、主要国家的历史碳排放趋势、排放的驱动因子（Dhakal et al., 2022），以及各国已经提出的主要政策。

5.1 全球碳排放格局变化

测算温室气体排放的不确定性范围从相对较低的化石燃料 CO_2（±8%），到 CH_4 和含氟（F）气体（±20%），再到较高的 N_2O（±60%）和来自 AFOLU 的 CO_2（50%）。虽然测算全球温室气体排放的清单数据库不断增加，但是只有少数几个是全面涵盖各行业、国家和气体种类的，它们包括全球大气研究排放数据库（EDGAR）、波茨坦排放路径概率评估实时综合模型（PRIMAP）、气候分析指标工具（CAIT）和社区历史排放数据系统（CEDS），而目前这些数据库都不包括土地利用、土地利用变化及森林（LULUCF）领域的 CO_2，CEDS 不包括含氟气体。每一个数据库都有不同的系统边界，导致其各自的测算之间存在很大差异。本章数据主要基于欧盟委员会联合研究中心提供的 EDGAR 第 6 版的数据，分析温室气体排放趋势和驱动因素，包括人为排放的 CO_2、CH_4、N_2O 和含氟气体（氢氟碳化合物、全氟碳化合物、SF_6、NF_3），涵盖了 228 个国家和地区，以及 5 个行业和 27 个分行业，在行业和气体方面提供了最全面的全球数据集。为了便于综合分析，不同的温室气体通常被转化为 CO_2 的等量通用单位 CO_2 eq，这里按 100 年全球变暖潜势计算。

5.1.1　全球温室气体的排放趋势

　　由于化石燃料的持续使用，大气中的主要温室气体排放持续增加，浓度已达历史高位。近 10 年，全球温室气体排放量继续上升，但增长速度有所放缓。2019 年温室气体排放达到（59±6.6）Gt CO_2eq（表 5-1 和图 5-1），比 2010 年高 12%，比 1990 年高 54%。这其中，来自化石燃料燃烧和工业过程的 CO_2 排放为（38±3）Gt CO_2eq，来自土地利用、土地利用变化及森林（LULUCF）的 CO_2 排放为（6.6±4.6）Gt CO_2eq，CH_4 排放为（11±3.2）Gt CO_2eq，N_2O 排放为（2.7±1.62）Gt CO_2eq，氟化气体排放为（1.4±0.41）Gt CO_2eq。与 1990 年相比，2019 年来自化石燃料燃烧和工业过程的 CO_2 排放增长了 15Gt CO_2eq，增幅达 67%，CH_4 排放增长了 2.4Gt CO_2eq，增幅达 29%，氟化气体排放增长了 0.97Gt CO_2eq，增幅达 250%，N_2O 增长了 0.65Gt CO_2eq，增幅达 33%。可以看出，虽然 CH_4 排放量在持续增长，但是由于 CO_2 等温室气体排放量增幅均高于 CH_4，因此在全球人为温室气体净排放中 CH_4 占比小幅下降。2010～2019 年平均年温室气体排放在累积 CO_2 排放上是最高的。2010～2019 年温室气体排放平均每年增长约 1.3%，而 2000～2009 年的平均年增长率为 2.1%，表明最近的 10 年比之前的 10 年温室气体排放增速是下降的。然而，与 2000～2009 年相比，2010～2019 年平均年温室气体排放的绝对增量达 9Gt CO_2eq。如表 5-1 所示，测算的所有温室气体的年平均排放量每 10 年都在增长。

表 5-1　全球温室气体排放趋势（1990～2019 年）

年份	年平均排放量/Gt CO₂eq					
	CO₂ FFI	CO₂ / LULUCF	CH₄	N₂O	氟化气体	温室气体
2019	38±3.0	6.6±4.6	11±3.2	2.7±1.6	1.4±0.41	59±6.6
2010～2019	36±2.9	5.7±4.0	10±3.0	2.6±1.5	1.2±0.35	56±6.0
2000～2009	29±2.4	5.3±3.7	9.0±2.7	2.3±1.4	0.81±0.24	47±5.3
1990～1999	24±1.9	5.0±3.5	8.2±2.5	2.1±1.2	0.49±0.15	40±4.9
1990	23±1.8	5.0±3.5	8.2±2.5	2.0±1.2	0.38±0.11	38±4.8

数据来源：Minx 等（2021）。

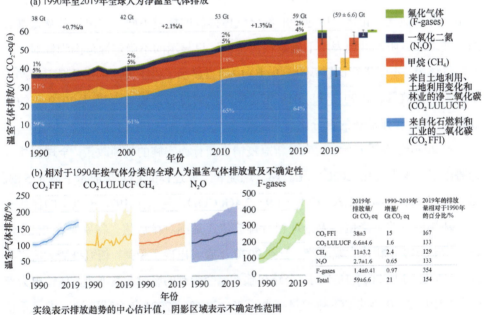

图 5-1　1990～2019 年全球不同种类人为温室气体排放趋势

数据来源：IPCC AR6 WGIII Figure SPM 1

全球人为温室气体净排放包括来自化石燃料燃烧和工业过程的二氧化碳（CO₂-FFI）；来自土地利用、土地利用变化及森林的净二氧化碳（CO₂-LULUCF）；CH₄；N₂O；氟化气体（HFCs、PFCs、SF₆、NF₃）。

图 5-1（a）显示 1990～2019 年按气体组别报告的全球人为温室气体净排放

总量，以 Gt CO_2eq 为单位是根据 IPCC 第六次评估报告第一工作组的全球升温潜能值（GWP100-AR6）转换后的结果。每种气体的全球排放比例显示为 1990 年、2000 年、2010 年、2019 年，以及这几十年间的总平均年增长率。图 5-1（a）的右侧，2019 年的温室气体排放按各组成部分进行细分，相关的不确定性[90%置信区间]由误差条表示为：CO_2 FFI ±8%，CO_2-LULUCF±70%，CH_4 ±30%，N_2O ±60%，F-gases ±30%，GHG±11%。1997 年单年排放高峰成因是东南亚的森林和泥炭火灾事件造成了较高的 CO_2-LULUCF 排放。

图 5-1（b）显示了相对于 1990 年的 100 进行归一化后的 1990~2019 年全球人为 CO_2-FFI、净 CO_2-LULUCF、CH_4、N_2O 和氟化气体的单独排放。需要注意的是，与其他气体相比，所包括的氟化气体排放的规模不同，突出了其从低基数的快速增长。阴影区域表示不确定性范围。这里显示的不确定性范围为针对个别温室气体组，不能进行比较。图 5-1（b）中的表显示了以下方面的中心估计：2019 年的绝对排放量、1990 年和 2019 年之间的绝对排放量变化，以及 2019 年的排放量占 1990 年排放量的百分比。

自 2020 年春季开始，为应对新冠疫情大流行而实施的封锁政策，全球碳排放趋势出现了重大变化。2020 年化石燃料燃烧和工业过程的 CO_2 排放量下降了 5.8%（5.1%~6.3%），即约 2.2Gt CO_2（1.9~2.4Gt CO_2），超过了 1970 年以来的任何一次全球排放量的下降值，无论是相对排放值还是绝对排放值。特别是在 2020 年 4 月，与 2019 年相比大幅下降，但到 2020 年底又出现了反弹。新冠疫情大流行导致的排放影响因部门有所不同，公路运输和航空受到的影响尤其严重，估计电力部门在 2019~2020 年的 CO_2 排放量减少了 3%~4.5%。2021 年全球能源需求又重新回到新冠疫情前水平，这主要是由发展中国家引起的。国际能源署（IEA）发布的《2021 年全球能源回顾》报告显示，2021 年全球经济活动的能源需求已经超过了 2019 年水平，新兴市场和发展中经济体是驱动能源需求回升的主要力量。2021 年，全球与能源相关的碳排放增量成为有史以来的次高，煤炭需求的增加导致全球碳排放增长了近 5%。

从温室气体排放部门看，1850~1950 年，人为 CO_2 排放的 50% 以上来自土地利用、土地利用变化及林业（LULUCF）。在过去的半个世纪里，来自 LULUCF 的 CO_2 排放量相对稳定，基本维持在（5.1±3.6）Gt CO_2。相反，自 1850 年以来化石燃料燃烧和工业过程的 CO_2 排放持续增长，特别是自 20 世纪 60 年代以来，10 年平均增长值从（11±0.9）Gt CO_2 增长到 2010～2019 年的（36±2.92）Gt CO_2。

1850～2019 年的累积温室气体排放量已达（2400±240）Gt CO_2，总排放量的 62%发生在 1970 年以后，达（1500±140）Gt CO_2，其中 1990 年以来约占 42%，达（1000±90）Gt CO_2，2010 年以来约占 17%，达（410±30）Gt CO_2。过去 10 年的排放量与将全球变暖限制在 1.5℃（在 67%的概率下）的剩余碳预算相等，为（400±220）Gt CO_2。与将全球变暖限制在 2℃（在 67%的概率下）的剩余碳预算的 1/3～1/2 相等，为（1150±220）Gt CO_2。按照 2019 年的排放水平，也就是分别只需要 8 年和 25 年就将用完 67%概率下的 1.5℃和 2℃的剩余碳预算。

还有一些在大气中寿命较短的温室气体，如气溶胶、硫化物或有机碳等，以及如黑碳、CO 或非 CH_4 有机化合物等，它们的排放也会导致气候变化。这些短寿命气候因子大多是由发电厂、汽车、卡车、飞机的燃烧过程而排放的，也有野火和家庭活动排放导致的。它们对人类健康有害，因此，在气候政策范围内减少空气污染物可带来巨大的应对气候变化和环境保护及健康安全的协同效益。

5.1.2　不同部门的温室气体排放变化

2019 年，年温室气体排放的 59Gt CO_2eq 中的 34%（20Gt CO_2eq）来自能源部门，24%（14Gt CO_2eq）来自工业，22%（13Gt CO_2eq）来自 AFOLU，15%（8.7Gt CO_2eq）来自交通，6%（3.3Gt CO_2eq）来自建筑。2019 年对全球温室气体排放贡献最大的单个行业是发电和供热，排放了 14Gt CO_2eq。交通运输业的温室气体排放年均增长最快，在最近的 2010～2019 年约占 1.8%，其次是工业部门的直接排放（1.4%）和能源部门（1%）。这与 2000～2009 年的情况不同，彼时工业部门的温室气体排放量增长最快，为 3.4%，其次是能源部门，为 2.3%。在这两个时期，交通运输行业的温室气体排放增长一直稳定在 1.8%左右，而建筑直接排放增长在 2010～2019 年平均低于 1%。总体而言，2010～2019 年，分行业排放增长最快的依次是国际航空（增长 3.4%）、国内航空（+3.3%）、内河航运（+2.9%）、金属（+2.3%）、国际航运（+1.7%）、公路运输（+1.7%）（图 5-2）。

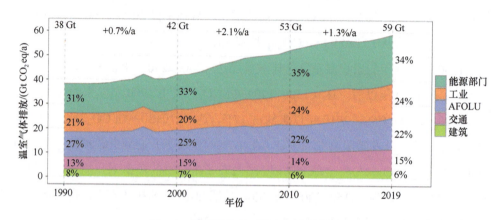

图 5-2　按部门的全球温室气体排放趋势
来源：IPCC AR6 WGIII Fig. 2.16a

5.2　主要区域和国家的碳排放

5.2.1　主要区域和国家基于领土的碳排放变化

自 20 世纪 90 年代以来，区域对全球温室气体排放的贡献发生了变化。如图 5-3 所示，发达国家虽然没有大幅减少温室气体的排放，但其排放水平相当稳定，1990～2010 年每年排放约为 15Gt CO_2eq，亚洲和太平洋地区发展中国家在全球温室气体排放中所占的份额则迅速增加，特别是 2000 年以来，占 1990 年以来净增长量 21Gt CO_2eq 的 77%，占 2010 年以来净增长量 6.5Gt CO_2eq 的 83%。非洲贡献了 1990 年以来温室气体排放增长的 11%（2.3Gt CO_2eq）和 2010 年以来的 10%（0.7Gt CO_2eq）。中东贡献了 1990 年以来的温室气体排放增长量 2.1Gt CO_2eq 的 10%，贡献了 2010 年以来温室气体排放增长量 0.7Gt CO_2eq 的 10%。拉丁美洲和加勒比地区贡献了 1990 年以来温室气体排放增长量 2.2Gt CO_2eq 的 11%，贡献了 2010 年以来温室气体排放增长量 0.3Gt CO_2eq 的 5%。1990 年以来，发达国家与东欧和中亚西部两个地区的总排放量分别减少了 1.6Gt CO_2eq 和 0.8Gt CO_2eq。

然而，2010 年以来，东欧和中亚西部的排放量开始再次增长，占全球温室气体排放变化量 0.3Gt CO₂eq 的 5%。与 1990～2010 年相比，2010～2019 年，除东欧和中亚西部地区外，所有区域的温室气体年均排放增速均有所放缓。全球排放变化往往由少数国家推动，主要是 20 国集团。

温室气体人均排放因国家和地区差异很大。发达国家保持了较高的人均 CO₂ 排放水平，2019 年来自化石燃料燃烧和工业过程排放的人均值为 9.5t，而亚太发展中地区人均排放为 4.4t，非洲为 1.2t，拉丁美洲为 2.7t。另外，一些地区的人均排放也较高，东欧和西亚–中亚地区为 9.9t，中东地区为 8.6t。2010～2019 年，上述三个发展中地区的化石燃料燃烧和工业过程排放总量增长了 26%，1990～2010 年增长了 260%，而同期发达国家的排放量则是减少的，2010～2019 年减少了 9.9%，1990～2010 年减少了 9.6%。

最不发达国家对历史温室气体排放增长的贡献微不足道，并且人均排放量最低。截至 2019 年，最不发达国家的人口占全球的 13.5%，但其仅贡献了全球温室气体排放的 3.3%（不包括 LULUCF 排放）。从 1850 年工业革命开始到 2019 年，它们贡献的 CO₂ 历史累计排放量只占 0.4%。相反，发达国家在历史累计排放量中所占比例最高达 57%，其次是亚洲和太平洋发展中地区，占 21%，东欧和中亚西部地区占 9%，拉丁美洲和加勒比地区占 4%，中东地区占 3%，非洲地区占 3%。发达国家仍然拥有历史最高的累计排放量，占 45%（包括 LULUCF 排放），发展中地区的 LULUCF 排放占比也比较高。

图 5-3（a）显示了 1990～2019 年各区域的全球人为温室气体净排放量[单位：Gt CO₂eq/a（GWP100 AR6）]。百分比值为各地区在相应时间段内对温室气体排放总量的贡献。1997 年的单年排放高峰是东南亚的森林和泥炭火灾事件造成的较高的 CO₂-LULUCF 排放。

图 5-3（b）显示了 1850～2019 年每个地区历史累积人为 CO₂ 净排放量的份额，单位为 Gt CO₂，包括来自化石燃料燃烧和工业过程的 CO₂-FFI 和土地利用、土地利用变化及森林的 CO₂-LULUCF 的净 CO₂。其他温室气体排放不包括在内。CO₂-LULUCF 的排放有很高的不确定性，反映在全球不确定性估计为±70%（90%置信区间）。

大多数地区的排放量都有所增长，但分布并不均衡，无论是当前的排放量还是自1850年以来的累积排放量。

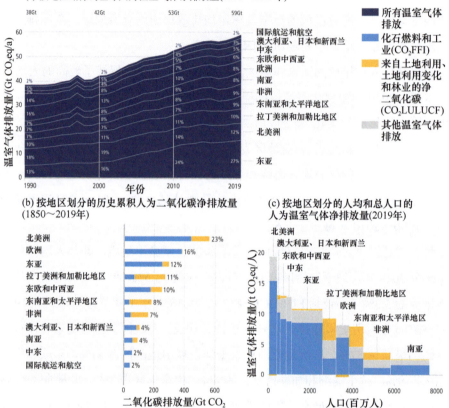

(d) 地区指标(2019年)及地区生产与消费核算(2018年)

	非洲	澳大利亚、日本和新西兰	东亚	东欧和中西亚	欧洲	拉丁美洲和加勒比地区	中东	北美洲	东南亚和太平洋地区	南亚
人口(百万, 2019)	1292	157	1471	291	620	646	252	366	674	1836
人均GDP(2017年美元, 千美元/人)[1]	5.0	43	17	20	43	15	20	61	12	6.2
2019年温室气体净排放量(基于生产)										
温室气体排放贡献百分比	9%	3%	27%	6%	8%	10%	5%	12%	9%	8%
温室气体排放强度(吨二氧化碳当量/千美元, 2017年)	0.78	0.30	0.62	0.64	0.18	0.61	0.64	0.31	0.65	0.42
人均温室气体排放量(吨二氧化碳当量/人)	3.9	13	11	13	7.8	9.2	13	19	7.9	2.6
2018年人均化石燃料和工业二氧化碳排放量										
基于生产的排放量(吨二氧化碳/人, 基于2018年数据)	1.2	10	8.4	9.2	6.5	2.8	8.7	16	2.6	1.6
基于消费的排放量(吨二氧化碳/人, 基于2018年数据)	0.84	11	6.7	6.2	7.8	2.8	7.6	17	2.6	1.5

[1]2019年人均GDP基于2017年美元购买力平价。

图 5-3　区域温室气体排放，以及 1850～2019 年基于生产的 CO_2 累计总排放量的区域比例
数据来源：IPCC AR6 WGIII Figure SPM.2

图 5-3（c）显示了 2019 年各地区温室气体排放的分布情况，单位为 t CO_2eq/
人。温室气体排放包括：CO_2-FFI、净 CO_2-LULUCF 和其他温室气体排放（CH_4、
N_2O、氟化气体，依据 GWP100-AR6 以 CO_2eq 表示）。每个矩形的高度为人均排
放量，宽度为该地区的人口，因此，矩形面积指的是每个地区的总排放量。国际
航空和航运的排放不包括在内。在两个地区的情况下，CO_2-LULUCF 的面积低于
轴线，表示 CO_2 净移除量而不是排放量。CO_2-LULUCF 排放量有很高的不确定性，
全球不确定性估计为±70%（90%置信区间）。

图 5-3（d）显示人口、人均 GDP、2019 年各地区的温室气体贡献百分比、人
均温室气体总量和温室气体总排放强度的排放指标，以及基于生产和基于消费的
CO_2-FFI 数据。基于消费的排放是指为了产生某个实体（如地区）所消费的商品
和服务而释放到大气中的排放。国际航空和航运的排放不包括在内。

5.2.2　主要国家基于领土的碳排放变化

美国曾是全球年 CO_2 排放量最大的国家。根据 EDGAR 数据，1970～2018 年
美国的累积碳排放量高达 2563 亿 t CO_2，相比中国同一时期的累积碳排放量高
20%；根据二氧化碳信息分析中心（CDIAC）和全球碳计划（GCP）数据，自 1751
年的工业革命以来，来自美国的累积碳排放量高达 3970 亿 t，大约是中国累积碳
排放量的 2 倍。美国作为累积碳排放量最大的国家，是全球温室气体浓度上升的
主要责任国家之一，在温室气体减排及减缓全球气候变暖上负有更大责任。进入
21 世纪，美国的碳排放量呈相对稳定甚至波动下降趋势，而以中国和印度为代表
的新兴发展中国家的碳排放量则增长更快，美国的碳排放量从 1950 年占全球总
量的 42.65%减少到 2017 年的 14.6%。并且，天然气替代煤炭和可再生能源发电
厂的使用导致发电煤耗减少，美国在 2015 年和 2016 年的 CO_2 排放总量分别减少
了约 3.1%和 1.9%，但是美国的人均 CO_2 排放量一直远高于其他地区的人均 CO_2
排放量。目前，美国仍是世界上第二大的 CO_2 排放国。

在欧洲各国中，德国、英国、意大利、法国和西班牙位于全球碳排放总量的
前 20 位，欧盟也是世界上第三大碳排放体。英国最早开启工业化进程，也是最早

的煤炭开采国之一，在工业革命初期曾是全球碳排放量最大的国家。之后，随着煤炭消费在一次能源消费中占比的逐渐降低，英国的碳排放总量逐年下降。根据EDGAR 的数据，2017 年英国包括化石能源燃烧和工业过程排放在内的碳排放总量已跌至全球第 20 位，其他欧盟国家的碳排放量也总体呈下降趋势。其中，受2008 年全球金融危机的冲击，工业活动大量减少，导致欧盟各国排放量急剧下降。尽管欧盟的碳排放总量总体上呈下降趋势，但自 2014 年以来欧盟的排放量略有上升，并且欧盟各国的人均 CO_2 排放量仍高于世界平均水平。

2010～2019 年，全球能源强度每年大约下降 2%，碳强度每年大约下降 0.3%。从碳排放的角度看，多数发达国家/地区基本已经完成了碳达峰阶段，如欧洲国家大多是在 20 世纪 80 年代前后，美国和日本则分别在 2007 年和 2010 年左右完成了碳达峰过程。根据世界资源研究所（WRI）的统计，20 世纪 90 年代前已经实现碳达峰的国家有 19 个，到 2000 年左右则增加到 33 个，到 2010 年已经达到了49 个，到 2020 年则增加到 53 个，这些经济体的碳排放量达到了全球碳排放量的40%。公约统计认为，在包含土地利用和土地覆盖的情况下，已经实现碳达峰的国家达到了 46 个，在不包含土地利用和土地覆盖的情况下，实现碳达峰的国家有44 个。如果要实现碳中和，则首先要实现碳达峰，因此目前已经实现碳达峰的发达国家大多数都明确了实现碳中和的时间表。从整体而言，发达国家/地区在碳减排的意愿以及行动和能力上，它们是全球大力推进碳减排的最积极群体，尽管如此，其每个经济体仍然存在着明显差异。

中国是最大的发展中国家。在经济快速增长的拉动作用下，2006 年中国超过美国，成为世界上年碳排放量最大的国家。2008 年金融危机之后，中国的生产结构发生了巨大变化。近年来，中国经济进入新常态，转向结构性稳增长，碳排放总量年平均速率约为 3%。中国的碳排放量增长主要来源于化石能源特别是煤炭的消费及工业生产过程。中国是世界上最大的煤炭生产国和消费国，煤炭产量和消费量自 20 世纪 60 年代以来增长了 10 倍。根据 IEA 数据，2017 年中国的煤炭消费量占全球煤炭消费量的 48%。同时，中国也是世界上最大的水泥生产国，水泥产量约占全球水泥产量的 44%。2012 年，中国的碳排放总量已接近美国与欧洲碳排放总量的总和。从体量和增长趋势看,中国的碳排放将对全球碳排放趋势产生重要影响,因此,中国也是全球开展碳减排和低碳发展的最主要区域。但由于发展程度、生产结构及城乡消费模式的差异,中国国内不同区域的排放特征存在着显著不平衡。

5.2.3　基于消费的 CO_2 排放和贸易中包含的碳排放

通常计算排放是使用由区域内商品和服务的生产和消费,以及出口生产造成的基于生产的排放和区域排放来报告碳排放,这种生产排放还包括来自国际活动(如国际航空/航运和非居民活动)的排放,因为这些排放不包括在领土排放中。相比之下,基于消费的排放指的是整个供应链上由消费引起的排放,与生产地点无关。这反映出一种共识,即一个超越地区排放的更广泛的系统边界对于实现全球脱碳的至关重要性。全球供应链越来越多地满足消费需求,往往涉及较大的地理距离,并在生产国造成排放。因此,核算整个供应链的生产排放以满足最终需求,也就是基于消费的排放估算就显得有必要。这对于了解为什么会发生排放、消费选择和相关供应链对总排放的贡献程度,直至最终如何影响消费以实现气候减缓目标和环境正义都是至关重要的。

在发达国家,以消费为基础的 CO_2 排放峰值在 2007 年为 15Gt CO_2,随后下降了 16%,至 12.7Gt CO_2,2018 年略有反弹 1.6%到 12.9Gt CO_2。亚洲和发展中太平洋地区一直是以消费为基础的 CO_2 排放的主要贡献者,2000 年以来,排放量不断增长,并在 2015 年超过发达国家成为全球最大的排放源。1990~2018 年,亚洲和发展中太平洋地区每年平均增长 4.8%,其他地区每年平均下降 1.1%~4.3%。2018 年,全球 35%的基于消费的 CO_2 排放来自发达国家,39%来自亚洲和发展中太平洋地区,5%来自拉丁美洲和加勒比地区,5%来自东欧和中亚西部,5%来自中东,3%来自非洲。2020 年,与新冠疫情相关的封锁显著减少了全球排放量,包括基于消费的排放。

绝对脱钩指的是排放量的绝对值下降,或 GDP 增长时排放量保持稳定。相对脱钩是指排放增长低于 GDP 增长。不脱钩即指排放量增长与 GDP 相同或更快。2010~2015 年，166 个国家中有 43 个国家实现了基于消费的 CO_2 排放与经济增长的绝对脱钩。2015~2018 年，23 个国家实现了基于消费的排放与 GDP 的绝对脱钩，32 个国家实现了基于生产的排放与 GDP 的绝对脱钩。基于消费的排放与 GDP 绝对脱钩的国家往往处于较高的经济发展水平和较高的人均排放量时实现脱钩，大多数欧盟和北美国家都属于这一类。脱钩不仅通过外包碳密集型生产实现，还通过提高生产效率和能源结构实现，从而导致排放量下降。结构分解分析表明，脱钩的主要驱动因素是国内生产和进口的碳强度（即能源结构和能源效率的变化）的降低。欧盟国家在 1995~2015 年将基于消费的温室气体排放总体减少了 8%，主要原因是使用了更高效的技术，同时经济结构的变化与第三产业的转移可能有助于这种脱钩。2015~2018 年，包括中国和印度在内的 67 个国家的 GDP 和基于消费的排放实现相对脱钩。还有 19 个国家，如南非和尼泊尔，2015~2018 年，GDP 和基于消费的排放没有脱钩，这意味着它们的 GDP 增长与排放密集型产品的消费密切相关。因此，如果这些国家遵循历史趋势，生产效率和能源使用没有实质性改善，GDP 的进一步增长可能会导致更高的排放。

　　近几十年来，随着全球贸易模式的变化，贸易中隐含的排放也发生了变化。贸易隐含排放是指与贸易商品和服务生产相关的排放，包括进口隐含排放和出口隐含排放两部分。对于一个给定的基于消费排放高于基于生产排放的国家或地区，进口隐含排放高于出口隐含排放的国家是净进口国，反之亦然。20 世纪 80 年代以来，由于贸易量的增加，出口隐含排放增长更快。国际贸易产品生产的排放量在 2006 年达到峰值，约占全球 CO_2 排放量的 26%，此后国际 CO_2 排放转移有所下降。2014 年约占全球经济产出的 24% 和约占全球 CO_2 排放量的 25% 体现在国际货物和服务贸易中。位于全球供应链下游的发达国家（主要在西欧和北美洲）往往是净排放进口国，如法国、德国、意大利和西班牙等国家超过 40% 的碳足迹来自进口，发展中国家一般是净排放出口国，特别是亚太发展中区。也就是说，碳密集型生产通过全球贸易从发达经济体向发展中经济体存在净排放转移和外包，主要原因是廉价的劳动力成本和廉价的原材料，日益开放的贸易和不严格的环境立法也是可能的原因。

5.3　政策和技术措施对碳排放格局的影响

5.3.1　经济、人口增长和技术进步对全球和区域碳排放的影响

经济和人口增长是温室气体排放的最大驱动因素，其具有长期趋势，并且在过去 10 年中仍是主要因素。从全球来看，2015 年之前，人均 GDP 仍然是最强劲的增长动力，几乎与能源消耗和 CO_2 排放同步增长，之后出现了适度的脱钩。排放量减少的主要原因是几乎所有地区的单位 GDP 能耗都在下降。能源强度的降低是技术创新、结构变化、监管、财政支持和直接投资及基础部门经济效率提高的结果。能源系统的显著脱碳在北美洲、欧洲和欧亚大陆表现得最为明显，在全球范围内，能源碳强度在过去三十年几乎保持不变。在几乎所有地区，尽管世界各地的人均碳排放水平非常不均衡，但 2010～2019 年全球人口增长保持了强劲和持久的增长。

2010 年以来，发展中国家仍然是全球 CO_2 排放的主要贡献者，特别是在东亚地区。虽然在过去 30 年里，经济合作与发展组织（OECD）国家和非经济合作与发展组织国家的能源强度都呈现类似下降程度，但非经济合作与发展组织国家的经济增长要更为强劲得多。这导致非经济合作与发展组织国家的 CO_2 排放年平均增长率为 2.8%，而经济合作与发展组织国家 CO_2 排放量年均下降 0.3%。大多数发达经济体减少了基于生产和基于消费的 CO_2 排放，这是由于经济增长放缓、能源效率提高、化石燃料从煤炭转向天然气（主要在北美洲），以及欧洲可再生能源的减少和更清洁能源的使用。经济增长作为温室气体排放的主要驱动因素在中国和印度表现得尤其强劲，尽管由于能源结构变化，两国都显示出相对脱钩的迹象。中国的生产结构呈重工业相对减少和低碳制造业相对增加的趋势，2010 年以后其消费模式也发生了变化，消费商品和服务类型成为排放的主要调节因素，而经济增长、消费水平和投资仍是推动排放的主要因素。在印度，2010～2014 年生产和贸易的扩张及更高的能源强度是其排放增长的主要影响因素。

影响碳排放的因素还有技术创新，减缓气候变化的技术变革涉及改进和采用技术，主要是与能源生产和使用有关的技术。从长期来看，技术变革对减排有一定的

减缓作用，并且对实现气候目标的努力至关重要。最近十多年以来，多种低碳技术不断进步，成本不断下降。技术应用占有相当大的份额，而小规模技术在这两个方面表现尤其明显。更快的应用和持续的技术进步在加速能源转型方面发挥了关键作用。但是，既往的技术变革速度仍不足以推动全面、快速地向低碳能源体系过渡，技术创新仍需要进一步提速。促进能源从生产到最终转化为终端服务的高效利用的技术变革是减少碳排放的关键驱动因素。技术变革可以促进更严格的碳排放减少，也可以通过改变消费者行为来减少排放。技术变革促进了更多样化、更高效的能源服务，如供热、制冷、照明和移动等设施的提供，同时减少了服务业的碳排放量。人口和经济增长是增加排放的因素，而技术变革则减少排放。在加快技术创新的速度方面仍然存在多重挑战。首先，能源系统中的一系列有形资产将长期存在，因此具有碳锁定效应。其次，由于薄弱的基础设施、有限的研究能力、缺乏信用便利和其他技术转移障碍，国家通常没有能力吸收来自国际上的知识溢出思路和研究成果。在发展中国家，技术创新和传播过程还涉及能力建设系统。最后，公共政策是刺激技术变革以减少排放的核心，政策取决于创造对未来市场机会的可信预期，尽管最近取得了一些进展，但长期以来，一些与能源和气候相关的政策并不协调，影响了技术创新的发展和应用。因此，提高低碳技术相关政策的可信度和持久性对于加速技术变革和吸引私营部门投资非常重要（表5-2）。

表 5-2　影响快速能源转型和慢速能源转型的因素

	快速转型	慢速转型
证据基础	50 年来的技术案例	超过 200 年的全球系统
系统	互补技术便于集成	难以与现有系统集成
经济	新兴技术的成本下降	成熟的现有技术
		前期成本和资本限制
技术	数字化和全球供应链	资本存量的长寿命
	创新更加丰富	难以去碳化行业
	精细化技术	
行动者	主动转型	规避风险的用户
	自下而上的公众关注	对消费者无吸引力因素
	动员低碳利益集团	强大的权力寻租
治理	领导者推动更快地转型	集体行动问题

2010 年以来，部分低排放技术的单位成本呈持续下降趋势，以太阳能、风能为代表的可再生能源发展迅猛（图 5-4）。多种低碳技术取得了显著进步，特别是太阳能光伏、风能和电池技术，可以预见未来能源转型可能比过去发展得更快。技术变革大大降低了成本，大量的技术显示出在性能、效率和成本方面的持续改进。其中，最引人注目的是太阳能光伏、风能和电池技术。光伏发电的成本与 1958 年最初的商业化时相比已经降低了 1 万倍。风能发展的速度也是非常迅猛。陆上风能继续降低成本，已经具有和化石燃料竞争的优势。海上风能的变化最大，成本已比近 10 年下降了 50%。而且这些技术在降低成本方面还具有进一步的竞争潜力。随着光伏、风电和电动车电池成本的大幅下降，低碳能源转型的经济性不断增加。2021 年，全球对可再生能源的需求继续走高，电力、供暖、工业、交通等关键部门对可再生能源的需求均有提升，电力部门的需求增幅甚至达到 8%以上。2021 年，可再生能源对

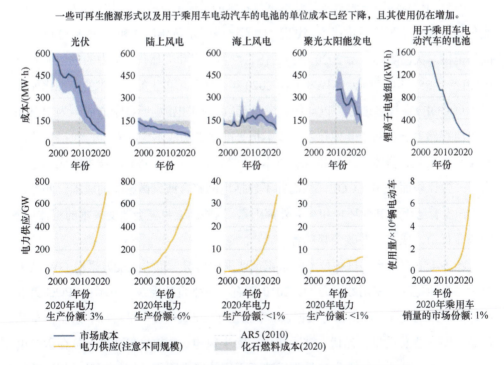

图 5-4　一些快速变化的减排技术的单位成本降低和使用情况
数据来源：IPCC AR6 WGIII Figure SPM.3

全球电力供应增长的贡献接近 50%，占全球发电总量约 30%，达到工业化以来的最高份额。其中，光伏和风能对可再生能源发电量增长的贡献最大，年增幅都在 17%以上。中国以风、光为代表的可再生能源发展迅速，2021 年的发电量占全球可再生能源发电增量的近 50%，美国、欧盟和印度紧随其后。氢能在全球同样拥有广阔的发展空间。据统计，全球已公布的氢能项目已超过 200 个，应用领域涉及工业和交通运输等多个行业。光伏和电池的未来潜力似乎最为乐观，因为这两个行业都还没有开始采用具有诱人性能的替代材料，当前这一代技术的成本降低和性能改善仍在继续。有针对性的创新政策体系有助于推动技术成本的下降及其在全球的应用。但由于有利政策环境条件相对薄弱，发展中国家的技术创新进展相对落后。信息化、数字化和人工智能可以促进减缓气候变化，但需要加以适当管理。另外，向更可持续的能源系统过渡不仅取决于技术本身的改进，还取决于技术的广泛采用。

图 5-4 上部显示了一些快速变化的减排技术的全球单位能源成本[美元/（MW·h）]。蓝色实线表示年平均单位成本。浅蓝色阴影区域显示每年第 5 和第 95 百分位数之间的范围。灰色阴影表示 2020 年新的化石燃料（煤和天然气）电力的单位成本范围[相当于 55～148 美元/（MW·h）]。2020 年，四种可再生能源技术的平准化能源成本（LCOE）在许多地方可以与化石燃料竞争。对于电池，所显示的成本为 1kW·h 的电池存储容量；对于其他技术，成本指平准化能源成本（LCOE），包括每兆瓦时发电的安装、资本、运营和维护成本。文献因其可对不同能源技术的成本趋势进行一致比较而采用 LCOE，然而并不包括电网整合或气候影响的成本。此外，LCOE 没有考虑到其他环境和社会外部因素，这些因素可能会改变技术的整体（货币和非货币）成本，并改变其部署。

图 5-4 下部显示了每种技术的累积全球采用情况，可再生能源采用 GW 装机容量，电池电动车采用数百万辆。2010 年有一条垂直的虚线，表示自 IPCC 第五次评估以来的变化。根据临时数据，本章指出了 2020 年发电量份额和乘用车车队份额，即占总发电量（光伏、陆上风电、海上风电、CSP）和乘用车总存量（电动汽车）的百分比。电力生产份额反映了不同的能力因素。例如，对于相同的装机容量，风能生产的电力大约是太阳能光伏的两倍。

5.3.2　其他政策和因素对碳排放趋势的可能影响

此外，俄乌冲突带来的天然气价格上涨可能进一步加速各国发展可再生能源进程，以摆脱对油气的依赖，保障能源安全。虽然天然气价格上涨导致短期内部分欧洲国家会考虑重启煤电，减缓煤炭淘汰进程。但从长远来看，可再生能源在能源供给上的重要性将进一步提升。从成本和维护能源安全的角度考虑，欧洲多国已经对其能源政策进行了调整。德国已将 100%可再生能源供给的目标从原定的 2040 年提前至 2035 年，其年均新增光伏装机量将在 2021 年的水平上翻倍。这些都进一步推动了低碳政策的未来走向。

行为选择、生活方式和消费偏好也会影响碳排放。家庭消费是一个国家 GDP 的最大组成部分，是温室气体排放的主要贡献者，其直接能源消耗用于取暖和制冷或私人运输，并间接通过生产最终消费项目过程中的碳排放。国家内部和国家之间，以及随着时间的推移，个人、群体和家庭行为与消费模式都有很大的差异。许多因素影响人们的消费模式和相关的碳排放，如社会人口统计、社会经济地位、基础设施和获得公共服务的机会。由于经济结构、发展水平、经济周期以及公共基础设施程度、气候条件和人们生活方式存在差异，每个国家和国家内不同地区的碳足迹也存在差异，导致碳排放分布不均，在一个国家内也有类似的排放特征。作为家庭中的一个群体，个人和群体的行为反过来又受到经济、技术和心理因素、社会背景、文化背景及自然环境的影响。

温室气体排放的变化还受到各种政策的影响。减缓政策和法规不断增加，会避免一些排放的发生，也促进了对低排放技术和基础设施的投资。碳定价，如碳税或碳排放交易系统一直是减少温室气体排放最广泛使用和有效的选择之一。对比 142 个有和没有碳定价的国家，结果显示，有碳定价的国家的年度 CO_2 排放增长率比没有碳定价的国家低 2%，碳价较高国家的碳强度往往更低。环境规划和创新对国家的碳排放趋势同样具有影响。1999～2014 年，在 OECD 国家拥有的环境和气候友好型的专利数量如果每增加 1%，会带来碳排放量减少 0.017%，另一项指标是关于人均环境税，如果税收收入每增加 1%，也会带来碳排放量减少

0.03%。国内和国际气候立法也有助于减少温室气体排放。对 1999～2016 年 133 个国家立法活动的实证分析表明，每一项新法律的颁布会在前三年减少年碳强度约 0.78%，三年后其碳强度的年下降达 1.79%。可再生能源政策，如可再生能源组合标准和上网电价等也都起到了积极的作用，在大规模扩大可再生能源能力方面发挥了重要作用。一些政策的协同作用效果也是非常明显的，如保护平流层臭氧的政策，既实现了《蒙特利尔议定书》及其修正案、受控臭氧消耗物质的排放下降到非常低的水平，又避免了温室气体排放。

另外一个政策影响是对煤电等化石燃料的投资，估计搁浅资产的风险将以万亿美元计，但仍有大量私人资本流入煤电等化石燃料项目。一方面，可以看到东道国、投资国与金融机构正逐步退出煤电项目。根据全球能源监测（GEM）的统计，截至 2022 年 3 月，印度尼西亚、越南、菲律宾和孟加拉国将削减高达 62GW 的煤电产能，目前规划中的煤电产能仅剩 25.2GW，与 2015 年的水平相比下降了约 80%。2021 年格拉斯哥气候变化大会期间，190 多个缔约方承诺逐步淘汰未使用减缓措施的煤电项目，并逐步淘汰低效的化石燃料补贴。此前，七国集团（G7）宣布到 2021 年底将停止对未采取减缓措施的国际燃煤发电项目提供新的政府直接支持，包括官方发展援助、出口融资、直接投资及金融和贸易促进措施。中国也承诺停止在境外投资新建有关煤电的项目。据国际能源经济和投资分析研究所（IEEFA）的统计，大约有 200 家金融机构已经出台了对煤电的限制措施。但另一方面，全球范围内仍有数额巨大且难以追溯的私人资本参与煤电项目投资。IPCC 报告显示，2015～2050 年，在 2℃温控情境下，全球化石燃料及其基础设施因搁浅资产风险所面临的贬值规模将达到 1 万亿～4 万亿美元，其中煤电资产预计在 2030 年面临搁浅资产风险，而油气资产预计在 21 世纪中叶面临搁浅资产风险。有关报告显示，从 2015 年全球达成《巴黎协定》以来，2016～2021 年，资产规模最大的全球 60 家银行在化石能源上的融资总额却达到了 4.6 万亿美元。仅 2021 年，他们为化石能源行业注入的资金就达到 7420 亿美元。由此可以看到，全球煤电退出还需要各国加强对私营部门投融资的监管。

5.4 主要行为体的碳中和政策

主要发达国家和发展中国家制定了一系列面向碳中和的政策（能源安全研究中心课题组，2022；姜克隽和陈迎，2021；曲建升等，2022）。

5.4.1 主要发达经济体的政策

相对于许多经济体提出的碳中和目标，欧盟的减排力度大且政策的约束力很强。2020 年 3 月，欧盟委员会发布《欧洲气候法》提案，该提案于 2021 年 5 月获得欧洲议会环境委员会投票通过，该法案进一步明确了欧盟中长期的减排目标。2022 年 6 月 8 日欧洲议会对欧盟碳市场（EU ETS）和欧盟碳边境调整机制（CBAM）草案修正案第一次投票被否决后，6 月 22 日，欧洲议会分别审议通过了 EU ETS 和 CBAM 的草案修正案。这次通过的修正案表明，在俄乌地缘冲突、能源危机和高通胀等挑战下，欧盟选择用眼前的妥协换取长期目标的激进策略。欧盟在能源转型和气候目标上维持了"fit for 55"[①]一揽子政策既定方向，进一步提升了对可再生能源建设、绿色氢能及 Power-to-X[②] 等关键领域投资的预期。通过的方案表明，EU ETS 覆盖的行业碳减排目标进一步提高，2030 年相比 2005 年碳排放量绝对值将下降 63%；进一步削减 EU ETS 每年的配额总量，2025 年碳配额总量削减 4.4%、2026 年削减 4.5%，自 2029 年开始削减 4.6%；要求欧盟 2024 年前将海运纳入 EU ETS，2024 年覆盖全部欧洲内部航运量，2026 年覆盖欧洲以外的远洋航运 50% 的排放量，到 2027 年提升至 100%。此外，还提出在 2025 年引入"配额奖励机制"，即通过向完成能源审计并成为行业能效领跑者的企业发放一定数量的"免费配额"来作为奖励（补贴）。明确适用于 CBAM 范围的 EU ETS 行业免费配额削减计划从 2026 年延长 1 年，即从 2027 年开始，但完全取消免费配额的时限将提前 3 年，即 2032 年清零。此外，

① 到 2030 年将欧盟的温室气体净排放量较 1990 年减少至少 55%。
② "Power-to-X"是一种将可再生能源电力转换为其他形式能源或产品的技术框架，旨在解决可再生能源的间歇性和难以直接利用的问题，同时推动能源系统的深度脱碳。

欧洲议会要求 2024 年初再独立建立一个碳市场（即 ETS Ⅱ），专门用于商业建筑和交通工具的化石燃料排放控制，意味着欧盟碳市场将存在两套体系、两个价格。该方案中 ETS Ⅱ先从企业主体开始，在 2029 年前不会纳入居民建筑或私家车。其中，至少 1.5 亿 t 配额将以拍卖方式分配，拍卖收益转入社会气候基金，以帮助低收入家庭应对气候法规带来的挑战。而 CBAM 方案在过渡期上做了让步，换取扩大范围、采用更严格条款的共识。正式开始征收 CBAM 证书从 2027 年开始（2023～2026 年是过渡期）。在原有产品范围基础上扩大至有机化工产品、塑料、氢和氨，并计划在 2030 年扩大至 EU ETS 纳入全行业。既包括"直接排放"，还新增了"间接排放"，即产品生产过程中耗电量产生的间接排放也将被统计在内。在欧盟层面建立统一的 CBAM 证书管理机构。采用更加严格的默认值——出口方未提供合规的碳排放信息披露时，使用出口国同类产品碳强度最高的 10%企业均值，或采用欧盟同类产品碳强度最高的 5%企业均值作为默认值，明确了对恶意规避 CBAM 行为界定。

英国一直是低碳的先行者。2008 年其颁布了《气候变化法》，是最早在全球提出了碳中和的立法国家，明确了英国 2050 年实现温室气体"净零排放"的中长期目标，该法案于 2019 年 6 月在英国生效。欧盟的大多数国家在应对气候变化和能源转型方面都持积极态度。在 2021 年的联合国第 26 次气候变化缔约方大会（COP26）上，包括煤炭大国波兰在内的数十个国家都加入了"助力淘汰煤炭联盟"，承诺将逐步淘汰使用煤炭。另外，力推非二氧化碳温室气体减排是另一个动向，欧盟和美国都在推动甲烷减排。美国和欧盟在 2021 年的主要经济体能源和气候论坛上共同宣布关于全球甲烷减排的承诺。在 COP26 气候大会上，100 多个国家都参加了甲烷减排进程。欧盟和美国还牵头发起了《格拉斯哥突破议程》（*Glasgow Breakthrough Agenda*），提出未来 10 年将进一步加快清洁技术创新和可持续解决方案的部署。另外，欧盟还提出了"全球门户"计划，该计划提出到 2027 年将在全球范围投资 3000 亿欧元，主要用于基础设施、气候、能源等领域。欧洲坚定认为绿色政策可以引领经济社会全领域的深度转型和变革，认为绿色复苏对欧洲是一个机遇，将能提高就业。2022 年以来，虽然欧洲国家不断遭遇能源荒，但仍可以预计欧洲国家积极应对气候变化的立场将持续。

美国的气候政策则因政党执政的交替而存在不连续的情况。特朗普政府退出了《巴黎协定》，而拜登政府上任后态度反转变得积极。拜登政府时期的气候政策主要是三个阶段性目标和四个支柱，分别是 2030 年在 2005 年碳排放基础上减少 50%～52%、到 2035 年实现 100% 的清洁电力、到 2050 年实现净零排放目标，将美国对气候和清洁能源投资的 40% 收益提供给弱势社区等。落实这些目标，技术创新是关键。2022 年 11 月 4 日，美国白宫气候政策办公室、科技政策办公室及管理和预算办公室联合发布一份题为《美国创新驱动实现 2050年气候目标》的报告，启动"净零游戏规则改变者倡议"，强调技术创新对于碳中和及在未来全球经济中抢占领导地位的重要性。四个支柱包括，发布了《美国国家气候报告》，说明如何完成 2030 年国家自主贡献目标的做法，如何通过技术创新和基础设施建设来实现 21 世纪中的净零排放目标；制定了《美国实现 2050年温室气体净零排放的长期战略》，分析了如何实现阶段性目标、2050 年战略目标的路径和全球行动雄心；完成了《国家信息和双年度报告》，介绍了美国气候政策和措施，以及各领域将采取的行动；形成了《美国适应气候变化信息报告》，阐述了美国拟采取的适应政策和措施，取得的进展、经验和教训，以及拟加强的适应气候变化的优先事项。由于美国两党执政理念不同，民主党执政推行的气候政策和共和党执政推行的气候政策有着天壤之别，因此美国的气候政策常常缺乏连贯性，主要原因是共和党往往和传统能源利益集团关系密切，气候政策保守。而民主党倾向清洁能源和环境友好产业的利益集团意愿，气候政策相对积极。2001 年，小布什政府执政后退出《京都议定书》与 2017 年特朗普政府退出《巴黎协定》如出一辙。克林顿签署《京都议定书》，奥巴马大力推行绿色新政，拜登重返《巴黎协定》。2022 年 6 月 30 日，美国最高法院就美国国家环境保护局是否在考虑了成本、非大气影响和能源要求后，就可以毫无限制地制定重大规则作出裁决，明确限制美国国家环境保护局广泛监管电站温室气体排放的权力。这一裁决对未来美国低碳转型和应对气候变化有重要影响。

美国电力行业的温室气体排放量居美国总排放量的第二位。2015 年 10 月，奥巴马政府时期，美国国家环境保护局根据《清洁空气法案》制定了"清洁电站计划"，提出 2030 年美国电力行业碳排放将在 2005 年基础上至少降低 30%，并由此给各州制定了排放目标。这一计划遭到了 27 个共和党州的起诉，认为美国国家环境保护局超越了国会授权，但其尚未在法院判决，2018 年特朗普上台，随即取消"清洁电站计划"，原案即被法院取消。之后美国国家环境保护局又制定了监管范围较窄的可负担的"清洁能源计划"，将污染控制技术限定在单个电厂，允许各州自行制定排放目标，结果又遭到民主党州及可再生能源行业起诉，案子没结果。拜登政府上台，共和党担心美国国家环境保护局会采用奥巴马时期的监管方式，超越清洁空气法授权，就将官司打到最高法院。该案件的裁决对美国未来气候政策走向有重要影响。应对气候变化是拜登政府的重要政策，最高法院的判定将极大削弱拜登政府推动气候进程的能力。但是美国电力行业的碳排放在 2020 年已经比 2005 年降低了 30%，也就是说提前 10 年实现了预定目标。这其中，美国地方政府及电力企业作出了很大的贡献。这也表明，美国主要州和电力企业在低碳转型方面的决心是坚定的。

拜登政府上任后，一直积极推动气候外交。但在美国国内其相关立法进程也受到各种政治的阻力。2024 年美国大选，是民主党还是共和党胜出，将会对美国气候政策再次带来不确定性。世界各国特别是美国盟友们也对可能的政策变化心存担忧。

东亚的日本和韩国，其气候政策往往是随波逐流。2020 年日本和韩国陆续宣布了各自碳中和的目标，其政策均反映了各自经济发展以及与欧洲和美国外交关系的考量，也可以看出它们的气候政策和国际战略存在紧密的联系。日本的气候政策较大程度地兼顾了战略性考量。2011 年发生的福岛核事故，使得日本政府在应对气候变化政策上采取了保守甚至后退的立场。2020 年 9 月，菅义伟执政后调高了 2030 年减排指标，并提出 2050 年实现碳中和。2021 年 10 月，岸田文雄首相执政后仍继承菅义伟的应对气候变化承诺。在国际事务中，一般日本的政策往往是与美国共进退。

　　韩国的气候政策也是紧随欧洲和美国主张。2020 年 12 月，韩国发布"碳中和宣言"，并制定了《实现可持续低碳社会的 2050 碳中和战略》，该战略是以 2017 年的碳排放量为基准值。强调要推进所有领域的经济结构、能源结构和社会转型。2021 年 11 月，《2050 碳中和方案终案》获得通过。韩国制定的 2050 年碳中和战略既能有效应对美国和欧盟在气候变化方面的压力，又希望能衔接好美国和欧盟的经贸规则，提高国际经济的竞争力。尽管如此，目前韩国尚未明确已实现碳达峰，其 2017 年的碳排放量为 7.09 亿 t，在 2018 年增加到 7.29 亿 t，2019 年排放量有所下降，达到 7.03 亿 t。由于新冠疫情和贸易保护主义的双重冲击，韩国经济受到影响，减排意愿有所下降。

5.4.2　主要发展中经济体的政策变化

　　大多数的发展中和新兴经济体是全球新增碳排放的主体，但其经济发展水平差距较大，并且还处在碳排放的爬坡阶段。在绿色低碳转型的全球背景下，这些国家和地区一方面希望加快能源结构和经济结构转型，减缓气候变化的不利影响，另一方面也渴望能由此创造新的经济增长动能。但是，这些国家在气候变化的科学认识、已有的经济和能源结构、技术能力、资金投入等方面都不足，在平衡减排和经济增长的实施中心存顾虑。在全球碳中和日趋主流的大背景下，不同国家立场存在差异。一些国家基于国际压力和政治考量，提出了较为积极的碳中和目标，但国内绿色低碳发展水平不高，实施中常常面临诸多困难，最终能否实现其所提目标可能存在不确定性。

　　第一，印度的气候政策存在理想和现实的不对称。印度主要产业是农业，容易受气候变化影响。研究表明，在全球 180 个国家中，印度的气候变化风险和脆弱性处于前 10%。到 2040 年，气候变化导致的贫困率将增加 3.5%，到 2100 年，气候变化造成的经济损失将达 3%～10%，可见气候变化对印度的影响很大。同时，印度由于人口不断增加，经济快速发展，又面临着能源需求的急剧增长和减少温室气体排放的巨大矛盾。国际能源署（IEA）预计 2045 年前，印度的能源需求将占到全球能源总需求增长的 25%，是增幅最大的国家，但是印度国内始终存在对碳减排的争议，主要是考虑作为发展中国家，未来经济还要发展，需要留出碳排放空间，即使减排也需要发达国家提供资金、技术和能力建设的支持。因此，印度提出碳中和目标，往往政治意义大于现实意义。由于国际压力，莫迪总理在2021年的联合国气候变化第26次大会上宣布了2070年实现碳中和的目标。这也使一些研究机构认为印度提出的碳中和目标可能只是空洞无力的诺言，实现碳中和的承诺只是服务于印度外交需要。印度下一步的绿色低碳转型难度巨大，极大地受到对煤炭等化石能源的严重依赖、资金和技术能力不足等因素制约。首先是政策目标的设计与现实行动的落实存在较大差距。各级政府难以有效将相关减排政策落实，气候和环境监管机构均存在运行经费不足、监管权力有限的问题。第二，不断增长的能源需求和碳达峰、碳中和目标有冲突。印度的煤炭发电占到了全国总发电量的约70%，根据预测，到2040年，煤炭需求量将增长31%，石油需求量将增长74%，印度的能源消费量将翻一倍。另外，如果能源转型过快，有可能对现有政治和利益格局产生影响。某些煤炭产业为地方重要的经济来源，大规模减少煤炭开采必然引起不同利益群体的矛盾。印度煤炭行业的总就业，包括直接和间接就业，人数达400万人，还有1000万到1500万人从事与煤炭相关的辅助行业，能源行业的转型触及到地方政府、企业、工人等不同群体的利益，使各个政党都高度重视。另外，减排还涉及技术和资金问题，按照实现2030年前提出的承诺，需要高达2.5万亿美元资金的投入，而目前印度经济疲软，加之新冠疫情带来的影响，印度政府的财政赤字严重。

东南亚国家和大多数发展中国家一样，面临着经济增长与减排压力的矛盾。东南亚国家由于气候变化，其沿海海平面上升、风暴潮加剧、台风频率和强度增加，使得其农业、林业和自然资源受到不利影响，通常这些行业是其国家主要的经济支柱行业。有研究表明，如果海平面上升1m，全球受影响最明显的25个城市中，东南亚地区就有19个，仅菲律宾就占了7个。印度尼西亚是受沿海洪涝灾害影响最大的国家，同时，近年来印度尼西亚的经济发展迅猛，带动了煤炭生产和消费的双高增长。印度尼西亚政府虽然提出将在2030年实现碳排放达峰、2070 年实现净零排放的目标，但同时又强调要兼顾经济发展，不能牺牲经济。2020 年 9 月，其议会通过了《矿业法》，鼓励矿产企业可以不受环境和社会保障措施的约束，开采更多煤炭，但这在国际上争议颇多。

拉美国家对气候的态度较为积极，大多数国家认为碳减排是重振经济发展的机遇，于是提出了相应的国家自主贡献目标，包括阿根廷、巴西、哥伦比亚、哥斯达黎加、智利等都提出了碳中和目标，还有一些国家提出了实现碳达峰的时间表（表 5-3）。

表 5-3　各国提出的碳达峰和碳中和目标

国家	目标
阿根廷	2016 年提出 2030 年碳排放不超过 4.83 亿 t，2020 年底更新为不超过 3.59 亿 t
墨西哥	2026 年实现碳达峰，2030 年在 2017 年排放基础上，温室气体排放减少 22%
乌拉圭	2030 年实现碳中和
委内瑞拉	2030 年排放量减少 20%
危地马拉	在 2005 年基础上，2030 年温室气体排放量减少 22.6%
智利	到 2025 年实现碳达峰
巴西	到 2050 年实现温室气体净零排放

需要充分认识到，拉美国家实现碳达峰和碳中和目标面临巨大挑战。首先是国家间的立场存在较大差异。哥伦比亚、智利等中等经济体在应对气候变化方面立场较为积极，尤其是加勒比地区小岛屿国家立场更为激进。但巴西、阿根廷等较大经济体将经济发展放在更重要地位。其次是这些国家的经济社会面临诸多挑战。加之不同政党政府在气候政策方面的态度不同、地区政治不稳定等因素对政策的延续性、政策实施效果都有影响。

5.4.3　主要产油国的气候政策

能源转型加速会对油气出口国的经济带来不利影响，欧佩克（石油输出国组织，OPEC）成员国等主要油气出口国家经常强调由于应对气候变化对它们带来的社会经济影响，它们的气候政策一直很被动。但近年来，随着全球碳中和的大趋势，产油国的态度也发生了积极变化，沙特阿拉伯、阿联酋、俄罗斯等国率先提出了减排政策（表 5-4）。

表 5-4　各国提出的减排政策

国家	政策
俄罗斯	2030 年较 2017 年 GDP 碳强度下降 9%，到 2050 年下降 48%
阿联酋	2030 年温室气体排放将较 2016 年减少 23.5%，2050 年二氧化碳排放将减少 70%
沙特阿拉伯	宣布了"绿色沙特倡议"和"绿色中东倡议"，提出了要减少相当于全球总量 4% 的碳排放目标
伊拉克	2025 年永久停止伴生天然气放燃，并投资 30 亿美元用于此项任务
卡塔尔	把国家石油公司的名称从"卡塔尔石油"改为"卡塔尔能源"

　　俄罗斯的经济始终对油气产业有惯性依赖，对脱碳一直缺乏内在动力。近年来，由于受到国际社会的多重压力，俄罗斯在气候变化认识和政策上出现了转变。2021 年 7 月发布了《2050 年前限制温室气体排放法》，承诺 2030 年较 2017 年 GDP 碳强度下降 9%，到 2050 年下降 48%；2021 年 10 月，发布了《2050 年前俄罗斯低碳发展战略》。过去几十年由于苏联解体，温室气体排放量减少了近50%。新出台的"2035 年俄罗斯石油工业发展总体规划"和"2035 年俄罗斯天然气工业发展总体规划"仍保持着油气生产规模扩大的态势。可以看到，在目前全球绿色低碳实施和可再生能源竞争力有限的情况下，俄罗斯仍会保持其在化石能源、核能、水电及森林碳汇等方面的潜力。

　　总体而言，这些国家的诸多措施是基于在新技术加持下的油气产业优势，包括发展绿氢和蓝氢，在油气生产中部署碳捕集、利用与封存（CCUS）设施，消除天然气放燃等。它们希望既能保证油气市场的稳定，推进油气增产，又能推进能源低碳转型，限制油气产业碳排放总量和强度，实现双轮推进，希望通过长远规划推进本国能源转型，但不希望短期内全球低碳行动过热。

5.4.4　国际组织及其他行为体的努力

　　很多国际组织，如世界银行、世界贸易组织、国际货币基金组织、国际可再生能源机构等全球各大领域主要组织或机构都大力推动碳中和进程。世界银行积极扩大气候融资，如国别计划、贷款产品、技术援助等专门项目，以金融工具提高绿色低碳项目的发展环境，帮助相关国家规划和实现未来的长期脱碳。国际货币基金组织通过政策工具，帮助国家实现 2050 年净零排放目标。

城市可持续发展是实现减缓的关键。2010～2019 年，全球温室气体排放占比增势最猛的就是城市地区，从 2015 年的 62% 增加到 2019 年的 67%～72%。自 2008 年全球城市人口首次超过农村人口开始，人类正式进入"城市千年"（urban millennium），将迎来历史上最大的城市化浪潮。预计到 2050 年，世界 2/3 的人口将生活在城市，到 2030 年，城镇化进程所需的城市基础设施还有超过 60% 尚未建成，可持续城市基础设施投资需求将达数十万亿。由于城市的碳排放与人口、收入水平、城镇化状态、城市形态息息相关，其减缓行动需要通过供应链管理，多部门协同实现。对于已建成的城市，减排潜力包括能效提升、建筑物再利用和改造、支持非机动车和公共交通。对于在快速发展的城市，建设工作与住房相邻的集约紧凑型城市形态并应用低碳技术，有助于避免未来新增排放。越来越多的城市制定了净零温室气体排放目标。C40 提出的"零碳城市"目标即围绕交通、建筑、能源和家庭四个方面展开。2019 年 9 月，全球有超过 100 个城市承诺将在 2050 年实现净零碳排放，一些城市如墨尔本、哥本哈根、斯德哥尔摩等则采取更为积极的政策行动，并提出更有雄心的目标。以哥本哈根为例，其计划在 2025 年实现净零排放，成为世界上第一个零碳之都。哥本哈根的具体行动方案包括加大对风力涡轮机项目的投入，使风电成为电力供应的主要来源；推广电动车和氢动力车；利用可持续生物质能；鼓励市民对绿色能源开发投资等。《报告》指出，考虑到区域和全球城市消费模式与供应链，城市行政管理范围之外的减缓进展也将影响其能否真正实现净零排放。零碳城市战略的有效性取决于国家及地方政府、产业及民间社会之间的合作与协调，也取决于城市施政能力。通过建筑标准、建材选择等供应链管理措施，城市可以带动供应链上游行业的减排。中国自 2010 年起先后开展了三批低碳省区（市）试点工作，共 87 个地区纳入试点范围。

经过几年探索和发展，中国低碳城市试点促进了低碳发展目标的实施，提升了相关地区在低碳相关能力建设的水平，涌现了大量优良做法和经验，并取得了显著成绩。

众多的国际知名企业都积极响应绿色低碳行动，不仅是一些新技术的国际知名企业，还有一些国际石油公司都制定了碳中和目标，如欧洲的一些国际石油公司积极配合欧盟关于 2050 年实现净零碳排放目标，通过扩大新能源业务，提出2050 年碳中和或净零排放目标，加速向综合能源公司转型。

5.4.5　碳中和涉及的科技和地缘政治问题

碳中和涉及电力、工业、建筑、交通等全社会经济系统，涵盖诸多学科知识和综合研究，如能源、环境、气象、海洋等科学技术以及管理科学，碳中和进程将带动前沿技术、颠覆性技术的迭代更新、接续发展。研究表明，围绕碳中和实施相关的"碳减排"和"碳增汇"两条根本路径，需要布局"零碳能源体系构建""低碳产业流程再造""生态固碳增汇/负排放"等方向，包括以化石能源为主导的能源体系变革，向以非化石能源为主体的近零碳排放能源新结构的转变；钢铁、水泥、化工、有色冶金等高碳工业生产流程向低碳再造流程转换，通过建筑和交通行业的电气化和燃料替代实现低碳转型；保护、恢复和增强陆地和海洋生态系统的固碳能力，发展相关负碳排放科技，并在此基础上提出了相关的重要科技问题，以及面向长中短不同发展阶段的数十项关键技术的突破需求（曲建升等，2022；彭静等，2023）。除了上述关键科技问题外，还涉及一系列基础科学问题，包括气候敏感性、融合社会经济综合评估模型和地球系统模式的双向耦合模式研发、多时空尺度风光水预报预测、应对可再生能源资源供应的风险研究、可再生能源新型电力系统构建研究等。

另外，由于地缘政治冲突和大国政治博弈，气候国际治理中越来越对战略性紧缺矿产资源问题有所关注。预计到 2040 年，由于全球能源需求不断增加，能源系统对关键矿产的总体需求将可能增加 6 倍，全球对锂、铜、镍、钴和稀土元素等关键矿产的需求呈现指数级的增长。美国地质调查局（USGS）发布的关键矿产资源的清单表明，稀土元素和铂族元素、锌和镍对美国经济和国家安全极其重要；欧盟相关报告也强调对关键矿产种类需求在不断增加，2011 年只有 14 种，到 2017 年达 27 种，2020 年有 30 种；加拿大发布的关键矿产战略也提出要支持经济增长、提升产业竞争力和创造就业机会、促进环境保护和气候行动等核心战略目标，强调关键矿产资源的全球治理将带来风险挑战。

参 考 文 献

姜克隽, 陈迎. 2021. 中国气候与生态环境演变: 2021. 第三卷减缓. 北京: 科学出版社.

能源安全研究中心课题组. 2022. 国际碳中和发展态势及前景. 现代国际关系, (2): 29-37.

彭静, 丹利, 周天军, 等. 2023. 碳中和背景下大气科学碳氮循环研究前沿问题与建议. 第四纪研究, 43(2): 10.

曲建升, 陈伟, 曾静静, 等. 2022. 国际碳中和战略行动与科技布局分析及对我国的启示建议. 中国科学院院刊, 37(4): 444-458.

Dhakal S, Minx J C, Toth F L, et al. 2022. Emissions Trends and Drivers//Shukla P R, Skea J, Slade R, et al. IPCC, 2022: Climate Change 2022: Mitigation of Climate Change. Contribution of Working Group III to the Sixth Assessment Report of the Intergovernmental Panel on Climate Change. Cambridge, UK and New York, NY, USA: Cambridge University Press.

Minx J C, Lamb W F, Andrew R M, et al. 2021. A 36 comprehensive and synthetic dataset for global, regional, and national greenhouse gas emissions 37 by sector 1970-2018 with an extension to 2019. Earth System Science Data, 13: 5213-5252.

第6章

碳中和目标下主要国家能源转型路径

6.1　中国 2060 年碳中和能源转型相关政策与路径

6.1.1　政策

2020 年 9 月 22 日，中国国家主席习近平在第七十五届联合国大会一般性辩论上提出中国要采取更加有力的政策和措施，二氧化碳排放力争于 2030 年前达到峰值，努力争取 2060 年前实现碳中和。从碳达峰碳中和的庄重承诺到国家整体水平系统谋划，再到各部门、行业及各地区的层层部署，2020 年 9 月至今，国家和部委层面已公开及发布多项讲话及政策举措，确保碳达峰碳中和目标事实可行。

2020 年 10 月 29 日，在《中共中央关于制定国民经济和社会发展第十四个五年规划和二〇三五年远景目标的建议》中提出"十四五"时期能源资源配置更加合理、利用效率大幅提高。加快推动绿色低碳发展，降低碳排放强度，支持有条件的地方率先达到碳排放峰值，制定 2030 年前碳排放达峰行动方案。全面实行排污许可制，推进排污权、用能权、用水权、碳排放权市场化交易。

2021 年 2 月 22 日，国务院印发《国务院关于加快建立健全绿色低碳循环发展经济体系的指导意见》，提到建立健全绿色低碳循环发展的经济体系，确保实现碳达峰、碳中和目标，推动我国绿色发展迈上新台阶。

2021 年 3 月 11 日，在《中华人民共和国国民经济和社会发展第十四个五年规划和 2035 年远景目标纲要》中，进一步提出了新的"十四五"目标。完善能源消费总量和强度双控制度，重点控制化石能源消费；实施以碳强度控制为主、碳排放总量控制为辅的制度，支持有条件的地方和重点行业、重点企业率先达到碳排放峰值；以及加大 CH_4、HFCs、CF_4 等其他温室气体控制力度，提升生态系统碳汇能力。

2021 年 4 月 22 日，习近平在参加"领导人气候峰会"时发表讲话"中国将碳达峰、碳中和纳入生态文明建设整体布局，正在制定碳达峰行动计划，广泛深入开展碳达峰行动，支持有条件的地方和重点行业、重点企业率先达峰。中国将严控煤电项目，'十四五'时期严控煤炭消费增长、'十五五'时期逐步减少。此外，中国已决定接受《〈蒙特利尔议定书〉基加利修正案》，加强非二氧化碳温室气体管控，还将启动全国碳市场上线交易"。

中国气候变化事务特使解振华 2021 年 8 月 3 日发表了《落实碳达峰碳中和目标，加速绿色低碳转型创新》的讲话，明确提出了我国为实现碳达峰碳中和目标需要建立的"1+N"政策体系。我国将建立健全绿色低碳循环发展的经济体系，将碳达峰、碳中和纳入生态文明建设总体布局，以经济社会发展全面绿色转型为引领，以能源绿色低碳发展为关键，加快形成节约资源和保护环境的产业结构、生产方式、生活方式、空间格局，坚定不移走生态优先、绿色低碳的高质量发展道路。成立中央层面的碳达峰碳中和工作领导小组负责组织制定并发布"1+N"政策体系，"1"是碳达峰、碳中和指导意见，"N"包括 2030 年前碳达峰行动方案以及重点领域和行业政策措施和行动方案。其包含的 10 个方面具体如下。

（1）优化能源结构。"能源活动 CO_2 占我国温室气体总排放量的 80% 左右。推动能源革命，加快构建清洁低碳安全高效的能源体系和以新能源为主体的新型电力系统。严格控制化石能源消费，'十四五'时期严控煤炭消费增长，'十五五'时期逐步减少，合理调控油气消费，有序引导天然气消费。安全高效发展核电，因地制宜发展水电，大力发展风电、太阳能、生物质能、海洋能、地热能。加快抽水蓄能和新型储能规模化应用，提高电网对高比例可再生能源的消纳与调控能力。积极发展绿色氢能。推动工业、建筑、交通、公共机构等节能和提高能效"。

（2）推动产业和工业优化升级。"工业部门占终端碳排放近70%，要加快低碳转型，力争率先达峰。坚决遏制高耗能、高排放行业盲目发展。'十四五'要严把新上项目的碳排放关，防止碳排放攀高峰。推动能源、钢铁、有色、石化、化工、建材等传统产业优化升级。发展新一代信息技术、高端装备、新材料、生物、新能源、节能环保等新兴产业。发展智能制造与工业互联网。控制氢氟碳化物等非 CO_2 温室气体在相关工业行业的排放"。

（3）推进节能低碳建筑和低碳基础设施建设。"建筑部门占终端碳排放约20%，城市和乡村建设都要落实绿色低碳要求。合理控制建筑规模，杜绝大拆大建。推进既有居住建筑节能更新改造，持续提高新建建筑节能标准。加快发展超低能耗、近零能耗、低碳建筑，鼓励发展装配式建筑和绿色建材。在基础设施建设、运行、管理各环节落实绿色低碳理念，建设低碳智慧型城市和绿色乡村"。

（4）构建绿色低碳交通运输体系。"交通运输部门占终端碳排放约 10%，随着城镇化的推进和生活水平的提高，未来一段时期内还呈增长趋势，力争加快形成绿色低碳、多元立体的运输方式。优化运输结构，提高铁路、水运、海运、航空等低碳运输方式比重，建设绿色机场和绿色港口。优先发展公共交通等绿色出行方式。发展电动、氢燃料电池等清洁零排放汽车，建设加氢站、换电站、充电站"。

（5）发展循环经济。"提高资源能源利用效率，从源头上实现经济发展与碳排放和污染物排放脱钩。加强该领域相关立法，坚持生产者责任延伸制度。推进产业园区循环化发展，促进企业实施清洁生产改造。提高矿产资源综合利用水平，推动建筑垃圾资源化利用。建设现代化'城市矿产'基地，促进再制造产业发展。

推进生活垃圾和污水资源化利用。加强塑料污染全链条治理。建立完善让所有参与方都受益的商业模式"。

（6）推动绿色低碳技术创新。"技术创新是实现碳达峰碳中和的关键，要加快绿色低碳科技革命。研究发展可再生能源、智能电网、储能、绿色氢能、电动和氢燃料汽车、碳捕集利用和封存、资源循环利用链接、可控核聚变等成本低、效益高、减排效果明显、安全可控、具有推广前景的低碳零碳负碳技术"。

（7）发展绿色金融以扩大资金支持和投资。"资金投入是实现碳达峰碳中和的保障。建立健全有利于绿色低碳发展的财政投入体系，加大公共资金支持力度，发挥公共资金引导与杠杆作用，鼓励吸引社会资本参与绿色投资，设立相关产业投资基金。建立完善绿色金融体系，设立碳减排货币政策工具，补充完善《绿色债券支持项目目录》和《绿色产业指导目录》，支持金融机构发行绿色债券，创新绿色金融产品和服务。研究设立国家绿色低碳转型基金"。

（8）出台配套经济政策和改革措施。"加快应对气候变化立法，健全生态环境、清洁能源、循环经济等方面法律法规和标准。深化电力体制改革。完善电价形成机制以及差别化用能价格政策，对节能环保、可再生能源、循环经济、低碳零碳等技术、产品、项目、企业在财政、税收、价格上实行鼓励性的政策"。

（9）建立完善碳交易市场。"碳交易机制以尽可能低的成本实现全社会减排目标。今年（2021 年）7 月首先在电力行业启动了全国碳市场上线交易。今后逐步覆盖钢铁、石化、化工、建材、造纸、有色、航空等重点排放行业，将碳汇纳入碳市场，丰富交易品种和方式"。

（10）实施基于自然的解决方案。"保护、修复、管理自然生态系统的相关行动，有助于增加碳汇、控制温室气体排放、提高适应气候变化的能力、保护生物多样性。不断强化森林、草原、湿地、沙地、冻土等生态系统保护，科学划定并严守生态保护红线，实施重大生态修复工程，持续推进大规模国土绿化。加强农田管理，发展生态绿色农业，提高气候适应能力，保障粮食安全。发展'蓝碳'，保护和修复海岸带生态系统，提升红树林、海草床、盐沼等固碳能力"。

2021 年 10 月 26 日，国务院印发《2030 年前碳达峰行动方案》。《2030 年前碳达峰行动方案》作为"1+N"政策体系中"N"部分的首个文件，提出了重点规划实施的十大行动，包括：能源绿色低碳转型行动、节能降碳增效行动、工业领域碳达峰行动、城乡建设碳达峰行动、交通运输绿色低碳行动、循环经济助力降碳行动、绿色低碳科技创新行动、碳汇能力巩固提升行动、绿色低碳全民行动、各地区梯次有序碳达峰行动及相关政策保障，确保实现 2030 年前碳达峰目标。

2022 年 1 月 29 日，国家发展和改革委员会、国家能源局印发《"十四五"现代能源体系规划》，提出了 2025 年发电装机总容量达到 30 亿 kW，其中非化石能源发电量占比达到 39%左右，电能占终端用能比重达到 30%左右。此外，对电力协调能力提出了要求，要求在 2025 年，灵活调节电源占比达到 24%左右，电力需求侧响应能力达到最大用电负荷的 3%~5%。同日，印发《"十四五"新型储能发展实施方案》，提出 2025 年，新型储能由商业化初期步入规模化发展阶段，具备大规模商业化应用条件。电化学储能技术性能进一步提升，系统成本降低 30%以上；火电与核电机组抽汽蓄能等依托常规电源的新型储能技术、百兆瓦级压缩空气储能技术实现工程化应用；兆瓦级飞轮储能等机械储能技术逐步成熟；氢储能、热（冷）储能等长时间尺度储能技术取得突破。到 2030 年，新型储能全面市场化发展。新型储能核心技术装备自主可控，技术创新和产业水平稳居全球前列，标准体系、市场机制、商业模式成熟健全，与电力系统各环节深度融合发展，装机规模基本满足构建新型电力系统需求，全面支撑能源领域碳达峰目标如期实现。

2022 年 1 月 30 日，国家发展和改革委员会、国家能源局联合印发《关于完善能源绿色低碳转型体制机制和政策措施的意见》，提出"十四五"时期，基本建立推进能源绿色低碳发展的制度框架，形成比较完善的政策、标准、市场和监管体系，构建以能耗双控和非化石能源目标制度为引领的能源绿色低碳转型推进机制。到 2030 年，基本建立完整的能源绿色低碳发展基本制度和政策体系，形成非化石能源既基本满足能源需求增量又规模化替代化石能源存量、能源安全保障能力得到全面增强的能源生产消费格局。该文件从体制机制和政策措施方面保障 2030 年碳达峰目标的实现。

2022 年 3 月 23 日，国家发展和改革委员会、国家能源局印发《氢能产业发展中长期规划（2021—2035 年）》，提出 2025 年，初步建立较为完整的氢能产业供应链和产业体系，氢能示范应用取得明显成效，清洁能源制氢及氢能储运技术取得较大进展。燃料电池车辆保有量约 5 万辆，部署建设一批加氢站。到 2030 年，形成较为完备的氢能产业技术创新体系、清洁能源制氢及供应体系，产业布局合理有序，可再生能源制氢广泛应用，有力支撑碳达峰目标实现。2035 年，形成氢能产业体系，构建涵盖交通、储能、工业等领域的多元氢能应用生态，可再生能源制氢在终端能源消费中的比重明显提升，对能源绿色转型发展起到重要支撑作用。

2022 年 6 月 1 日，多部委联合印发《"十四五"可再生能源发展规划》，将《2030 年前碳达峰行动方案》中 2030 年非化石能源消费占比达到 25%左右和风光发电总装机容量达到 12 亿 kW 以上的目标进行细化。规划中提出，到 2025 年，可再生能源消费总量达到 10 亿 t 标准煤左右，"十四五"期间，可再生能源在一次能源消费增量中占比超过 50%；可再生能源年发电量达到 3.3 万亿 kW·h 左右，可再生能源发电量增量在全社会用电量增量中的占比超过 50%，风电和太阳能发电量实现翻倍。地热能供暖、生物质供热、生物质燃料、太阳能热利用等非电利用规模达到 6000 万 t 标准煤以上。

6.1.2　转型路径

为实现碳中和目标，电力部门、工业部门、交通运输部门与建筑部门都需要采取强有力的政策措施，并大力推进节能减排技术创新与应用。工业部门减排主要来自于产业结构转型、产品结构转型、循环经济、节能与能效提升、电气化程度提升、氢能与 CCUS 技术应用。交通运输部门的减排来自于运输模式的优化、电动化及氢燃料电池技术等的发展应用。建筑部门的减排来自于绿色节能建筑的推广，电气化水平的提高，太阳能、风能与地热等可再生能源的应用，以及消费模式的转变等。提高电气化率是终端各部门碳达峰、碳中和的重要途径，因此不少研究表明到 2060 年电力需求将在 2020 年基础上至少翻一番，新能源与可再生能源将占到总发电量的 90%左右（可再生能源将占到 70%左右），而煤炭在发电燃料结构中的比重急剧下降，并且所有的煤电都考虑了 CO_2 捕集与封存，如图 6-1（Zhang and Chen，2022a）所示。此外，到 2060 年电力部门还需要生物质 CO_2 捕集与封存技术的发展，以实现一定的负排放来抵消来自减排困难的部门如航空、长途公路货运等的排放。

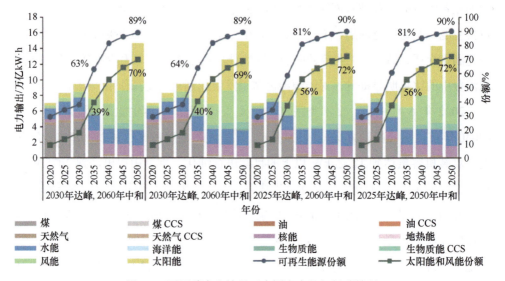

图 6-1　不同碳中和情景下中国电力部门低碳转型

影响中国碳中和路径的因素有很多，包括社会经济发展与产业转型、消费模式转变、区域协调发展与公正转型、低碳技术研发与发展等，这些影响因素决定了中国碳中和路径的不确定性（Zhang and Chen，2022b）。

6.2　美国 2050 年碳中和能源转型政策与路径

6.2.1　政策

2021 年 2 月，美国重返《巴黎协定》，重返后的美国提交了其更新国家自主贡献计划。在更新国家自主贡献目标中，美国提出其 2030 年排放将较 2005 年减排 50%～52%（包括 LULUCF），这一目标将使得美国 2030 年排放将较当前排放轨迹继续减排 15 亿~25 亿 t CO_2eq，2030 年美国排放量预计在 37.1 亿~42.2 亿 t CO_2eq（U.S. Government，2021）。

为支持新的国家自主贡献目标及净零排放目标实现，拜登政府执政期间发布一系列相关文件（Joe，2020a，2020b；The White House，2021a）。其中 2021 年 3 月公布了一项 2 万亿美元的基础设施投资计划（美国就业计划），该计划将加速气候行动实施。在该项计划中提到：将 1000 亿美元用于投资电网和清洁技术，以促进 2035 年美国实现零碳电力；将 1740 亿美元用于 2030 年前在全美建设 50 万个汽车充电站，并将至少 20%的校车换为电动车；此外还将对建筑改造、气候科学研究和创新等领域进行投资；同时提出了取消对化石燃料行业的税收优惠。在上述文件中，关于实现碳中和领域的相关政策还有：2030 年确保新销售的轻型和中型车辆达到零排放；所有新的商业建筑物达到零排放标准；库存建筑碳足迹减少 50%；2035 年美国电力部门实现碳中和；2030 年近海风能发电量翻一番；2022 年及之后将取消化石能源相关补贴，优先考虑清洁能源技术及其相关设施的投资等（The White House，2021b）。

2021 年 11 月在 COP26 会议期间，美国白宫相继发布了"美国甲烷减排行动计划"及"美国净零排放长期战略"（The White House，2021c；United States Department of State and United States Executive Office of the President，2021）。CH_4 减排计划主要针对石油和天然气行业 CH_4 泄漏问题，提出了将解决约 30 万个石油和天然气井的设施泄漏问题；以及堵塞孤立和废弃的油井和禁止甲烷相关废物的公共场合燃烧等问题。《美国净零排放长期战略》提出短、中、长期不同时间段气候行动目标，包括：①2030 年国家自主贡献较 2005 年减少 50%~52%，涵盖所有行业和所有温室气体；②到 2035 年实现 100%零碳电力的目标；③不迟于 2050 年实现整个社会经济系统的净零排放，包括国际航空、海运等，并计划从 2024 年起，政府将为这一战略提供 30 亿美元的支持。

随着新冠疫情的持续，国际局势的动荡，2022 年 8 月，美国总统拜登签署《通胀削减法案》，法案涉及资金规模超过 7000 亿美元，其中约 3700 亿美元将会投资在未来十年的能源安全与气候领域，旨在削减能源消费成本、提高能源安全和减少温室气体排放。预计该法案的实施将推动美国 2030 年减少 40%的碳排放。该法案提出将通过税收抵免、贷款及补助等多种形式，降低能源成本、实现经济脱碳、提高美国能源安全；其涉及重点覆盖清洁能源制造业等领域，包括太阳能电池板、风力涡轮机、电池、电动汽车以及关键矿物等制造业细分领域，如提出继续延长光伏、风电补贴，取消对于电动汽车税收抵免政策的限制，提高当前碳捕集补贴金额，并提供税收抵免（The White House，2022）。

6.2.2 转型路径

美国承诺到 2030 年温室气体净排放量比 2005 年水平降低 50%~52%，并在2050 年实现净零排放（图 6-2）。

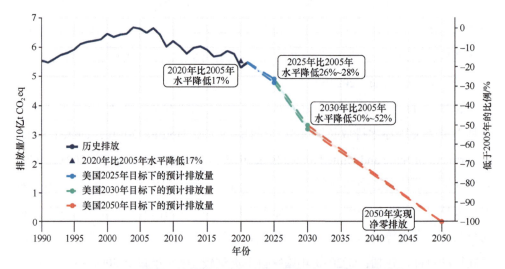

图 6-2 美国历史排放量和 2050 年净零目标下的预计排放量

美国实现碳中和路径的关键领域包括：电力系统脱碳化，加速向清洁电力转型；终端用能电气化，推动航空、海运和工业过程等清洁燃料替代；节能和提升能效；减少 CH_4 和其他非 CO_2 温室气体排放，优先支持除现有技术外的深度减排技术创新；实施大规模土壤碳汇和工程脱碳策略。美国能源部门碳中和路径，如图 6-3 所示。

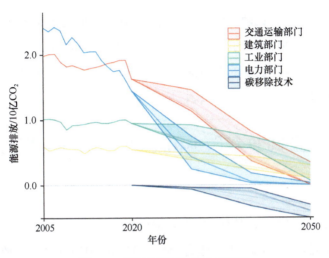

图 6-3　美国能源系统碳中和路径

　　对于电力部门，美国制定了到 2035 年实现 100%零碳清洁电力的目标。该目标的实现依赖于进一步加大清洁能源的发展力度、投资电力系统灵活性技术、部署碳捕获和封存（CCS）技术等。由于电力在各终端部门中的广泛使用，因此所有到 2050 年实现净零排放的路径都依赖于电力系统的快速脱碳以及电气化水平的提高。随着可再生能源发电以及储能技术成本预期的持续降低，到 2030 年电力部门的排放量将相比 2005 年减少 70%～90%。未加装 CCS 技术的化石能源发电将有所下降，而加装 CCS 技术的化石能源发电将有所增加。到 2050 年，清洁发电为其他终端部门提供零排放的电力。对于交通运输部门，电气化和低碳或零碳生物燃料、氢燃料替代是最重要的转型途径。减排措施包括：降低车辆成本，制定轻型、中型和重型车辆的燃料经济性和排放标准，激励零排放车辆和清洁燃料发展；投资新的充电基础设施，扩大生物精炼厂规模；持续研发创新以降低氢能成本；投资清洁交通基础设施等。对于工业部门，实现碳中和目标的转型路径包括能效改善、工业电气化、低碳燃料、工业 CCS 部署等。通过增加使用工业热泵、电锅炉或电磁加热工艺提高低温过程热的电气化程度，并通过工艺技术创新包括发展氢能与 CCUS 技术等降低钢铁、石化和水泥等生产中的高温热和过程排放。对于建筑部门，实现碳中和的关键途径在于提高建筑能效以及电气化程度。电力在最终能源需求中的占比随着终端用户的电气化水平的提高及化石燃料燃烧的大幅减少而增加，从 2020 年的约 50%增长到 2050 年的 90%以上。到 2030 年，热泵和其他电暖器以及电饭煲的市场份额占总体的 60%以上，到 2050 年将占据近100%的市场份额。

·欧盟 2050 年碳中和能源转型政策与路径

6.3.1　政策

2019 年欧盟发布《欧盟绿色协议》，提出到 2030 年欧盟温室气体减排目标比1990 年水平减排至少 50%，力争达到 55%，并实现 2050 年净零排放的目标。《欧盟绿色协议》提高了实现 2030 年和 2050 年气候目标的雄心；提供清洁、可负担的、安全的能源；推动工业向清洁循环经济转型；高能效和高资源效率建造和翻新建筑；加快向可持续与智慧出行转变；设计公平、健康、环保的食品体系；保护与修复生态系统和生物多样性；实现无毒环境零污染的雄心；将可持续性纳入所有欧盟政策等多方面提出了落实绿色转型的关键政策和措施路线。

为保证 2050 年目标的实现，欧盟进一步将 2030 年目标提升至 55%，并将该目标写入《欧盟气候法》提案。此外，2021 年 7 月，欧盟委员会通过了"适应 55"减排一揽子提案，包括扩大欧盟碳交易市场、停止销售燃油车、征收航空燃油税、扩大可再生能源占比、设立碳边境税等多项全新法案。2022 年 5 月，欧盟委员会在充分考虑俄乌冲突导致欧盟能源供应的不确定性因素下，发布 REPowerEU 计划详细方案，意在到 2027 年额外投资 2100 亿欧元，2030 年投资 3000 亿欧元实施该计划。

随着俄乌冲突的不断演进，欧盟能源供应短缺现象加重，欧盟持续加速可再生能源建设，如批准 13 个欧盟成员国提供 52 亿欧元的公共资金，用于增加可再生低碳氢气的供应，从而减少对天然气的需求依赖，这一计划主要涉及四个领域，分别为氢气生产、氢燃料电池、"氢气储运+运输+加氢"、终端用户应用。2022 年 9 月，欧盟议会通过《可再生能源发展法案》，将 2030 年可再生能源占比提升至 45%这一目标法律化。同月，欧盟委员会发布《应对能源高价的紧急干预方案》，试图从需求、价格、补贴等多方面对能源供需和市场运行提出干预措施。2022 年 12 月，欧盟理事会和欧洲议会就实施新的碳边境调节机制（CBAM）达成政治协议，对于碳市场覆盖行业的进口产品征收碳关税，使得进口产品与国内产品具有相同碳价。该制度将于 2023 年 10 月 1 日进入过渡阶段，并于 2026 年正式实施，实施之后将会进一步加大以工业部门为主的各部门的减排压力，并且将会对中国等产品碳强度较高国家的出口造成较大冲击（European Commission，2022a）。

6.3.2 转型路径

麦肯锡于 2020 年发布的欧盟近零排放路径，如图 6-4 所示。

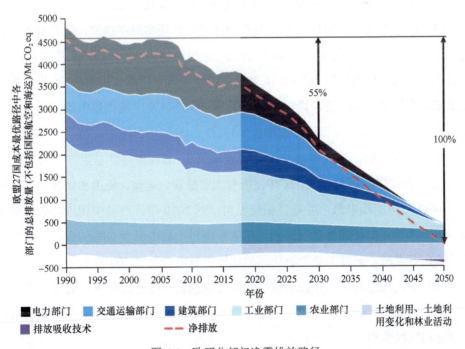

图 6-4 欧盟分部门净零排放路径

根据欧盟"适应 55（fit for 55）"一揽子立法提案，欧盟将每五年评估各成员国目标与净零目标差距；2030 年可再生能源在终端消费中的占比提升至 38%～40%；2030 年，一次能源消费将控制在 9.93 亿 t 标油，终端控制在 7.63t 标油以内；2050 年，欧盟将形成 80% 以上的可再生能源电力与 15% 的核能的欧盟无碳电力系统。具体包括：

（1）扩大碳排放权交易市场，将 2030 年计划减排量由 43% 提升至 61%，降低排放配额及免费配额，且新增负排放抵免方案。

（2）建筑和交通领域设立新的排放交易系统，到 2030 年减排 43%；交通领域引入零碳动力燃料及生物燃料等低排放燃料，2030 年，客运汽车排放量较 2021 年降低 55%、货运降低 50%，2035 年，客运与货运均实现零排放；取消对电池电动车和氢动力燃料以及插入式混动电动车的扶持；建筑领域可再生能源比重强制性年均增加 1.1%，区域供热网络中可再生能源比重年均增加 2.1%。

（3）建筑领域，从 2030 年起，所有新建筑都必须实现零排放，所有新的公共建筑必须在 2027 年之前实现零排放。此外，欧盟设定了 2021～2030 年每年 3% 的公共建筑翻新面积指标与到 2030 年 49% 的建筑可再生能源使用指标，并将可再生能源使用指标进一步细分，设定了家庭供热与制冷以及区域供热中的可再生能源使用比例 2021～2030 年每年分别增长 1.1% 和 2.1% 的子目标。

（4）工业领域，加大氢能应用，工业用氢中 42% 来自"非生物质可再生能源"。在工业 CCS 方面，到 2028 年，所有工业捕获、运输、使用和储存的二氧化碳（t CO_2）应明确来源，并提供相应说明；到 2030 年，产品中使用的碳中至少有 20% 应来自可持续的非化石来源，化工和塑料产品中至少 20% 的碳应来自可持续的非化石来源，同时工业二氧化碳的年捕集量应提高至 500 万 t。

（5）对高耗能公司实行强制性能源审计或强制实施能源管理评估与认证。

（6）增加天然碳汇量，2030 年达到 3.1 亿 t 固碳量，2035 年实现土地利用和农业部门气候中和。

（7）推进航空和航海领域可再生航空燃料的应用，由 2025 年的 2% 逐步增加至 2050 年的 63%；海运可再生燃料由 2025 年的 2% 增加到 2050 年的 75%。

（8）设立社会气候基金，针对弱势消费者及微型企业进行扶持和投资，未来交通和建筑领域排放交易系统的预期收入 25% 将投入该基金。

2022 年 5 月提出的 REPowerEU 对欧盟碳中和路径进行了更新（图 6-5），包括：①将 2030 年可再生能源在欧盟能源消费中的占比目标由 38%～40% 提升至 45%，意味着到 2030 年欧盟可再生能源装机有望从目前的 511GW 增加到 1236GW。②到 2025 年光伏累计装机达到 320GW，到 2030 年达到 600GW，即 2021～2025 年光伏年均装机至少 35GW，2021～2030 年年均装机至少 45GW。③实施太阳能屋顶倡议，2025 年起对商业、公共建筑实施安装太阳能屋顶计划，从 2029 年起，对新住宅建筑实施安装太阳能屋顶计划。④2030 年欧盟陆上和海上风能装机将新增 480GW。⑤氢能方面，2030 年实现绿氢产量达到 1000 万 t，绿氢进口量达到 1000 万 t。⑥生物质方面，欧盟委员会提到 2030 年欧盟可实现每年 350 亿 m^3 的生物质 CH_4 产量。⑦同时为保障计划顺利实施，计划还提出一项立法建议，缩短相关项目审批时间，加快可再生能源建设（European Commission，2022b）。

图 6-5　欧盟碳中和路径

6.4 日本 2050 年碳中和能源转型政策

2020 年 10 月，日本宣布 2050 年实现温室气体净零排放目标，并于 2020 年 12 月发布《绿色增长战略》，为实现净零排放目标，日本将其 2030 年国家自主贡献目标更新为较 2013 年减排 46%。2021 年 6 月，日本更新为《2050 年碳中和绿色增长战略》，从主要政策工具及 14 个领域实施计划与路线图，描绘了 2050 年净零排放措施与路径。战略认为 2050 年净零战略预计在 2050 年年均创造 290 万亿日元，解决约 1800 万人就业问题的经济效益（Government of Japan，2021）。

在日本《绿色增长战略》中提到：日本预计 2030～2031 年可再生能源将占该国发电能源结构的 36%～38%，氢/氨占 1%，核电占 20%～22%，非化石燃料发电总计占 57%～61%。该国还预计，在 2030～2031 年的能源结构中，液化天然气（LNG）占 20% 左右，煤炭占 19%，石油占 2%，化石燃料总计占 41%。按照 620 亿 L 石油当量的能源节约，日本的一次能源供应总量将在 2030～2031 年减少到约 4300 亿 L，届时可再生能源占 20% 左右，核能占 10% 左右，天然气占 20%，煤炭占 20%，石油占 30%，氢气约占 1%。

预计 2050 年，日本发电量中可再生能源占比达到 50%～60%，氢能和氨燃料发电占 10%，核能以及以 CO_2 回收为前提的火力发电占 30%～40%；海上风电、太阳能、蓄电池及地热产业将成为可再生能源领域主要增长产业；到 2030 年安装 10GW 海上风电机组，到 2040 年达到 30～45GW，同时在 2030～2035 年将海上风电成本削减至 8～9 日元/（kW·h）。到 2040 年风电设备零部件的国产化率提升到 60%。到 2030 年太阳能光伏发电成本降至 14 日元/（kW·h）。为扩大固定式太阳能发电的普及，2030 年家用太阳能电池安装成本需控制在 7 万日元/（kW·h）。此外，将最大限度发展水力发电，完善水利水电设施，降低成本；发展氢能和氨燃料电池：2030 年年供应氢 300 万 t，绿氢+蓝氢达到 42 万 t/a；2050 年供应氢达到 2000 万 t/a；2030 年氨燃料年产量 300 万 t，2050 年 3000 万 t，加上进口实现 1 亿 t 供应量；在尽可能控制火电的前提下，发展剩余火电+CCS；发展碳回收及再利用产业。针对核能，在尽可能降低依赖的同时，继续最大限度利用，同时开发具有优异安全性的下一代反应堆；2030 年实现量产廉价无碳氢。除电力部门外，各行业均需加快电气化进程，此外还需通过氢能、CO_2 回收技术等来满足供热需求。

汽车和蓄电池产业发展目标方面，21 世纪 30 年代中期时，实现新车销量全部转变为纯电动汽车（EV）和混合动力汽车（HV）的目标，实现汽车全生命周期的碳中和目标；到 2050 年将替代燃料的经济性降到比传统燃油车价格还低的水平。船舶产业发展方面，在 2025～2030 年开始实现零排放船舶的商用，到 2050 年将现有传统燃料船舶全部转化为氢、氨、液化天然气等低碳燃料动力船舶。航空产业发展方面，推动航空电气化、绿色化发展，到 2030 年左右实现电动飞机商用，到 2035 年左右实现氢动力飞机商用，到 2050 年航空业全面实现电气化，碳排放较 2005 年减少 50%。

而在碳循环产业方面，日本提出将发展碳回收和资源化利用技术，到 2030 年实现 CO_2 回收制燃料的价格与传统喷气燃料相当，到 2050 年 CO_2 制塑料实现与现有的塑料制品价格相同的目标。2022 年 4 月，日本工业部计划建立一个碳捕获与封存法律框架，为日本制定长期 CCS 路线图奠定基础，估计将在 2050 年每年储存 1.20 亿～2.4 亿 t CO_2。

2021 年 10 月，日本政府发布《第六次能源基本计划》，将《绿色增长战略》中的目标进一步细化，提到：①2030 年可再生能源发电占比目标为 36%～38%，其中太阳能为 14%～16%，风力发电为 5%，水电为 11%，生物质发电占 5%。②化石燃料发电中，天然气发电占比降至 20%，燃煤发电降至 19%，石油发电降至 2%；同时将逐步淘汰低效火力发电，推广与脱碳燃料（氨/氢等）混燃技术及加装 CCUS 技术。③能源安全方面，2030 年能源自给率提高至 30%。④氢/氨发电占比达到 1%，构建长期稳定的国外廉价氢能供应链，利用国内资源建立氢气生产基地，以提供高性价比的氢/氨燃料。到 2030 年实现制氢成本从目前的 55.6 元/kg 降至 16.7 元/kg，到 2050 年降至 11.1 元/kg；氢气供应量到 2030 年实现 300 万 t/a，到 2050 年实现 2000 万 t/a。⑤扩大氢能终端应用领域，如发电领域推进 30%氢/天然气混燃和 20%氨/煤炭混燃技术应用；部署氢燃料电池汽车和卡车的加氢站；开发氢还原炼铁技术及大型高性能氢锅炉等生产工艺设备的研发工作；推广包括纯氢燃料电池在内的固定式燃料电池在建筑领域的应用部署等。⑥确保碳中和转型中所需的资源和燃料稳定供应，如支持金融界对稀有金属的投资，确保海外供应链安全稳定，促进金属回收利用等。日本碳中和路径及相关措施总结如图6-6所示。

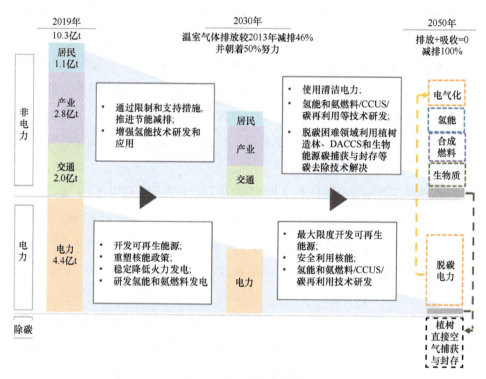

图 6-6　日本碳中和路径

6.5　2050年全球净零排放能源转型路径

根据 IEA 2021 年发布的全球能源部门 2050 年净零排放路线图（图 6-7），2050 年全球净零排放能源转型路径的实现需要依赖关键的政策法规的提出、基础设施建设与科学技术的进步（IEA，2021）。因此，各国政府在实现净零排放的路径中必须制定与之相适应的长期政策框架，以使政府各部门和利益相关方能够做出有计划的改变，促进有序转型。

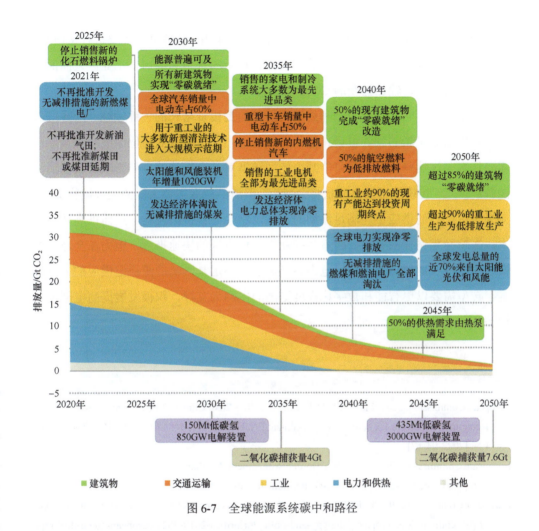

图 6-7　全球能源系统碳中和路径

为了实现 2050 年的净零排放目标，必须实现清洁能源技术的重大创新，并加速部署当前可用的技术和市场上尚未推广的技术。在未来 10 年内，需要采取重大的创新努力，以便及时将这些新技术推向市场。根据提出的方案，全球大部分 CO_2 减排量将通过当前可用的技术实现，但到 2050 年，几乎一半的减排量将依赖于目前处于示范或原型阶段的技术。在重工业和长途交通运输领域，更高比例的碳减排将需要采用目前仍处于开发阶段的技术。最重要的技术创新领域包括先进电池、氢电解槽和直接空气捕获储存。在净零排放的路线图中，这三个技术领域在 2030～

2050 年实现全球 CO_2 减排至关重要。在未来 10 年内，这些创新需要进行从研发、示范到部署的大规模配套基础设施建设，包括新的管道和港口与工业区之间的氢气运输系统，以运输已捕获的 CO_2。

　　清洁发电、网络基础设施和终端用能部门是投资增长的关键领域。净零排放转型将创造大量新的就业机会，但化石燃料退出会造成就业岗位流失。政策层面需要认真关注这些问题，尽可能减少能源转型对社会经济的负面影响。随着清洁能源的推广，传统能源的供应量将会减少，但清洁能源需要大量的关键矿物支撑。如果关键矿物的供应不能满足激增的需求，将会导致价格波动，进而推高转型成本，影响净零路径的实现。随着各行业电气化进程的快速推进，电力在全球能源安全中的核心地位日益凸显。电力系统灵活性不足是影响能源稳定供应的关键因素。转型需要以更智能和数字化程度更高的电网为支撑，积极发展提高电网灵活性的各种技术。

参 考 文 献

European Commission. 2021. Fit for 55: Delivering the EU's 2030 Climate Target on the Way to Climate Neutrality. https://eur-lex.europa.eu/legal-content/EN/TXT/PDF/?uri=CELEX:52021DC0550&from=EN. [2022-04-17].

European Commission. 2022a. Carbon Border Adjustment Mechanism. https://taxation-customs.ec.europa.eu/green-taxation-0/carbon-border-adjustment-mechanism_en. [2023-03-20].

European Commission. 2022b. REPowerEU: Affordable, Secure and Sustainable Energy for Europe. https://commission.europa.eu/strategy-and-policy/priorities-2019-2024/european-green-deal/repowereu-affordable-secure-and-sustainable-energy-europe_en. [2023-03-19].

Government of Japan. 2021. Green Growth Strategy Through Achieving Carbon Neutrality in 2050 https://www.meti.go.jp/english/policy/energy_environment/global_warming/ggs2050/index.html. [2022-04-16].

IEA. 2021. 全球能源部门 2050 年净零排放路线图. Paris: IEA. https://www.iea.org/reports/net-zero-by-2050. [2022-10-19].

Joe B. 2020a. Plan for Climate Change and Environmental Justice. https://joebiden.com/climate-plan/. [2023-03-19].

Joe B. 2020b. The Biden Plan to Build a Modern, Sustainable Infrastructure and an Equitable Clean

Energy Future. https://joebiden.com/clean-energy/. [2023-03-19].

The White House. 2021a. Executive Order on Tackling the Climate Crisis at Home and Abroad. https://www.whitehouse.gov/briefing-room/presidential-actions/2021/01/27/executive-order-on-tackling-the-climate-crisis-at-home-and-abroad/. [2023-03-19].

The White House. 2021b. FACT SHEET: The American Jobs Plan. https://www.whitehouse.gov/briefing-room/statements-releases/2021/03/31/fact-sheet-the-american-jobs-plan/.[2023-03-19].

The White House. 2021c. Fact Sheet: President Biden Tackles Methane Emissions, Spurs Innovations, and Supports Sustainable Agriculture to Build a Clean Energy Economy and Create Jobs. https://www.whitehouse.gov/briefing-room/statements-releases/2021/11/02/fact-sheet-president-biden-tackles-methane-emissions-spurs-innovations-and-supports-sustainable-agriculture-to-build-a-clean-energy-economy-and-create-jobs/. [2023-03-19].

The White House. 2022. FACT SHEET: The Inflation Reduction Act Supports Workers and Families. https://www.whitehouse.gov/briefing-room/statements-releases/2022/08/19/fact-sheet-the-inflation-reduction-act-supports-workers-and-families/. [2023-03-19].

United States Department of State, United States Executive Office of the President. 2021. The Long-Term Strategy of the United States, Pathways to Net-Zero Greenhouse Gas Emissions by 2050. https://cop23.unfccc.int/sites/default/files/resource/US-LongTermStrategy-2021.pdf. [2023-03-19].

U.S. Government. 2021. The United States of America Nationally Determined Contribution. https://www.whitehouse.gov/briefing-room/statements-releases/2021/04/22/fact-sheet-president-biden-sets-2030-greenhouse-gas-pollution-reduction-target-aimed-at-creating-good-paying-union-jobs-and-securing-u-s-leadership-on-clean-energy-technologies/. [2023-03-19].

Zhang S, Chen W. 2022a. China's energy transition pathway in a carbon neutral vision. Engineering, 14: 64-76.

Zhang S, Chen W. 2022b. Assessing the energy transition in China towards carbon neutrality with a probabilistic framework. Nature Communications, 13(1): 87.

第 7 章
全球合作共创美好未来

　　全球以变暖为趋势的变化将使人类社会和地球生态系统面临风险。全球气候治理的核心是以更为公平有效的方式遏制气候变化，将应对气候变化风险的挑战压力转变为全球绿色低碳发展的机遇动力，在可持续发展的框架下实现气候保护与人类经济社会发展的共赢。这一进程本身就是构建人类命运共同体的探索和实践，是全球治理的一个重要领域。2015 年《巴黎协定》达成，标志着全球合作应对气候变化进入新的历史阶段，之后的全球政治经济形势发生了剧烈而深刻的变革，机遇与挑战并存。2020 年中国提出了力争在 2030 年前实现碳达峰，2060 年前实现碳中和的长期目标，中国将以构建人类命运共同体的理念为指引，强化自身的应对行动，以多方协作、包容互鉴和合作共赢的方式，在全球气候治理中发挥更为积极的作用。

7.1　全球合作应对气候变化的现状

　　应对气候变化需要国际社会共同合作应对，任何一个国家都无法置之度外。全球气候变化国际合作及机制建设情况都作为独立章节，在 IPCC 第五次和第六次评估报告第三工作组报告中得到了评估，其中 IPCC AR6 关于国际合作现状的评估集中在第三工作组报告第十四章，包括公约及公约外的机制，分析了国际合作在减缓与适应气候变化方面的作用（蒋含颖等，2022）。

7.1.1　全球气候治理格局的变化

2016 年 11 月 4 日《巴黎协定》的生效是自公约（UNFCCC）和《京都议定书》生效以来气候变化应对国际合作最重要的进展之一。该协定最为引人注目的成果是明确了要将全球平均温升的幅度较工业化前水平控制在 2℃之内，并力争实现控制在 1.5℃之内的量化目标，建立了以国家自主贡献为核心的行动机制，是首次使发达国家和发展中国家在统一的制度框架内，以有区别的方式承担各自的义务和贡献，是国际气候治理历程中具有里程碑意义的文件，标志着全球应对气候变化进入了新的阶段。不同于《京都议定书》，《巴黎协定》以各国自主贡献为核心的"自下而上"的机制，具有更大的包容性和灵活性，更有利于区域、国家和次国家的不同层面行为主体的参与。《巴黎协定》的遵约机制是促进性而非惩罚性的，《巴黎协定》包括发展中国家缔约方在内的所有缔约方，都必须提交国家自主贡献并采取相应的国内行动，这有别于《京都议定书》，但《巴黎协定》下各缔约方提交的国家自主贡献更强调自主性，没有明确的充分性审查约束，最终各缔约方是否切实兑现了其承诺目标也不受国际法的约束。为弥补这一机制可能导致的全球行动力度不足，《巴黎协定》建立了以 5 年为周期的全球盘点机制，力求以只增不减类似"棘齿"的方式促进未来各国逐步提升减排力度。《巴黎协定》的主要特点如图 7-1 所示。

随着国际社会各层面对气候变化及其应对关注程度的提升，IPCC AR5 以来公约之外区域和行业层面的国际合作日益活跃，有的主要参与者是大城市等非国家行为体，有的针对的是对温室气体减排有关联的其他环境问题，有的在区域或部门层面运行，这些形式多样的国际合作形式涉及应对气候变化减缓、适应、能力建设等多个方面。在气候变化及其应对日益为国际社会关注的背景之下，在公约

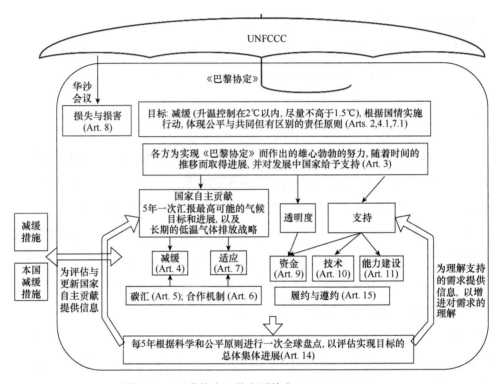

图 7-1　《巴黎协定》的主要特点（IPCC，2022）

箭头显示《巴黎协定》不同要素的相互关系，特别是《巴黎协定》的目标、所需行动（通过国家自主贡献）、支持（资金、技术和能力建设）、透明度框架和全球盘点进程之间的相互关系

及其《巴黎协定》之外，气候变化应对有关的国际合作也非常活跃，且多为特定区域、部门和行业对温室气体的减限排行动。作为对公约主渠道的补充，这些合作为次国家及行业的减缓行动提供了合作平台。涉及防止臭氧层消耗、越境空气污染和汞排放的协议都有助于减少特定温室气体的排放。

7.1.2　气候变化国际合作效益的评估

为了评估国际合作行动在气候变化减缓和适应中的效益，IPCC 第六次评估报告提出了一个包括环境影响、变革潜力、分配效应、经济效益和机构实力五个维度的评估体系，相应指标的具体描述如表 7-1 所示。

表 7-1　气候变化国际合作机制的评估指标（IPCC，2022）

指标	描述
环境影响	国际合作机制在多大程度上带来可识别的环境效益，即相对于原有水平或"照常发展"情景，减少整个经济和部门的温室气体排放
变革潜力	国际合作机制在多大程度上有助于为全球、国家或部门向零碳经济过渡和为可持续发展创造有利条件
分配效应	考虑当前责任、历史责任与现实国情，国际合作机制在多大程度上使减少成本且收益和责任分配机制进一步趋向公平
经济效益	国际合作机制在多大程度上促进实现具有经济效益和成本效益的减缓活动
机制实力	国际合作机制对实现全球共同目标的贡献程度及其对去中心化、"自下而上"式减排所需的国家、次国家和部门机制的贡献

　　长期以来，环境影响与经济效益长期都是评估环境保护相关国际合作机制成效的核心指标。IPCC AR6 在这两个指标的基础上，进一步引入了变革潜力、分配效应与机制实力三个指标。所谓变革潜力是指国际合作机制在国家、部门和行业层面进一步促进零碳转型与可持续发展的能力。公平和分配一直是全球气候治理的核心关切，分配效应是指在综合考虑当前责任、历史责任与现实国情的情况下，国际合作机制能在多大程度上使减少成本且收益和责任分配的机制进一步趋向公平。公平和分配对气候变化国际合作机制有效性的评估至关重要，涵盖了包括公共产品、责任和成本分担机制的结果公平，以及相应决策程序的公平。

　　机制实力是指某种国际合作机制对实现其所确定的共同目标所需机制的整体贡献。机制实力包括对执行的监管力度、确保透明性和相应的问责机制，以及与此相关的行政能力。对执行的监管包括确保集体行动的明确规则和标准；确保透明性和相应的问责机制涉及收集和分析评估各履约方履约行动相关数据；行政能力是为确保履约和实现总体目标设立服务或监管机构的能力。

　　基于以上评估标准，IPCC AR6 对《京都议定书》的执行和《巴黎协定》的生效作出了评估。

　　（1）IPCC AR6 认为《京都议定书》总体上实现了可衡量的减排，在促进国家温室气体核算体系和碳市场建设、促进低碳技术领域投资方面发挥了积极作用。

过去 10 年达到《京都议定书》第一承诺期目标的 20 个国家实现了绝对排放量的持续下降。情况相似的国家中，有量化减排义务的国家比没有量化减排义务的国家少排放了 3%～50% 的二氧化碳。变革潜力方面，《京都议定书》激励了可再生清洁能源技术国际专利申请的增长，客观上对增加可再生能源项目的成本效益、提升可再生能源的产能产生了积极影响；在机制实力方面，《京都议定书》在机制设置上的一个创新是"京都三机制"，即"清洁发展机制、联合履约机制、碳市场机制"。在这三个机制之下，产生了大量实际执行的合作项目，相关的评估认为，清洁发展机制每年能够产生的与能源相关的减排量为 4900 万 t CO_2eq，非能源相关减排量为 1.77 亿 t CO_2eq，清洁发展机制对一些发展中国家能力建设的贡献被认为是该机制最重要的成就之一（Kuriyama and Abe，2018）。经济效益方面，清洁发展机制将公约附件一缔约方的履约成本降低了至少 36 亿美元，并促进了项目减排国家审批机构碳减排审计系统的发展（Spalding-Fecher et al.，2012）。分配效应方面，《京都议定书》通过建立适应基金支持发展中国家的适应气候变化行动，据统计，截至 2021 年 11 月，适应基金为气候变化适应行动提供了近 8.78 亿美元资金，受益人数达 3150 万人。但也有研究认为清洁发展机制并不必然导致东道国进一步减少排放，超过 70% 的清洁发展机制项目减排量低于预期，只有 7% 的项目实现了实际的额外减排量（Cames et al.，2016）。

（2）2016 年生效的《巴黎协定》明确了公约框架下应对气候变化的长期目标，将以有别于《京都议定书》的方式推进气候变化应对国际合作进入新的阶段。

《京都议定书》的关键是规定了发达国家具有法律约束力的量化减排目标，并明确了相应的监测和执行机制。《巴黎协定》下的承诺拓展到所有缔约方，在制度构建上，更注重激发各国尤其是发展中国家通过各自的国内政策措施，提高气候变化应对行动的透明度、激励气候投资，并不断引导各缔约方提高行动力度。从《京都议定书》到《巴黎协定》，共同但有区别的责任原则、公平问题仍然是联合国框架下气候变化应对机制的核心内容。对《巴黎协定》的制度设计能否实现其既定目标各方看法不一。持乐观态度的一方认为，《巴黎协定》框架下体现各国能力差异的国家自主贡献能够最大程度地加大国家参与度，并有望随着时间的推移不断强化并提高各国的行动力度，最近各国竞相宣布的温室气体净零目标（碳中和目标）就是实施《巴黎协定》的结果。持怀疑态度的一方认为，该协定缺乏审查各缔约方国家自主贡献充分性的机制，当前各国的国家自主贡献不足以实现《巴黎协定》的温度目标，由于缺乏国际层面的法律约束力，《巴黎协定》的进程不会必然导致各国提升国家自主贡献的设计初衷。各国在多大程度上增加自主贡献并确保其有效实施，既取决于《巴黎协定》的有效实施，也是《巴黎协定》能否实现其既定目标的关键。

环境影响方面。《京都议定书》明确了 7 种具体的受控温室气体，而《巴黎协定》没有具体划定温室气体的种类，缔约方可以根据各自国情将更多种类的温室气体纳入自身减限排行动。在减缓行动的参与度方面，《巴黎协定》涵盖了所有的缔约方而《京都议定书》的量化减排要求仅针对其附件 B 中所列的发达国家缔约方，就参与程度而言，《巴黎协定》要大于或者说优于《京都议定书》。

变革潜力方面。《巴黎协定》达成和生效是国际社会合作应对气候变化的积极信号，无疑将在推进各国实现低碳转型方面发挥积极作用。根据 IPCC《全球 1.5℃增暖特别报告》的评估，要将全球变暖限制在 1.5℃ 的路径需要在全球层面推进规模空前的系统性变革。公约下的资金机构以及绿色气候基金（GCF）都将服务于《巴黎协定》的目标，并促进各方在低碳领域的资金投入。

分配效应方面。相较于《京都议定书》对发达国家提出的明确的量化减排要求，《巴黎协定》虽然有发达国家继续率先开展全经济范围量化减排、向发展中国家提供资金支持的义务方面的表述，但从总体上将发达国家和发展中国家的承诺方式都统一到国家自主贡献上，在共同但有区别的责任原则的体现上，《巴黎协定》弱于《京都议定书》。目前，《巴黎协定》关于促进公平分担责任和评估各方贡献公平性机制的谈判还在进行中，缔约方的国家自主贡献还依赖于自我评估和决策。

经济效益方面。缔约方之间在政策和行动上的协同，有助于提高气候变化应对行动的总体成本效益，《巴黎协定》第 6 条规定的合作机制为此提供了条件。

如果各方遵循共同的核算规则，《巴黎协定》能够促进各国减缓政策的协同，从而促进各国提高国家自主贡献目标。第 6 条为实现《巴黎协定》目标作出贡献的程度将取决于这些规则能在多大程度上确保环境完整性并避免减排量的重复计算。

机制实力方面。《巴黎协定》的有效执行将推动各国采取积极的国内行动。《巴黎协定》总体上采取"自下而上"的承诺方式，通过全球盘点促进提高行动力度的制度安排，以及相对灵活的组织构架在推动国家、非国家和次国家行为者的气候行动方面都发挥了积极的促进作用。由于目前还缺乏国家自主贡献的可比信息，《巴黎协定》在促进集体行动的规则和标准方面的机制实力存在争议。《巴黎协定》制定了与透明度有关的详细规则，但认为这些规则允许各方在其适用范围和方式上享有较大的自决权，是否能切实促进缔约方持续提高国家自主贡献还有待观察。

（3）随着国际社会对气候变化减缓政策机制理解的深入，形式更为丰富的国际合作形式对在可持续发展框架下实现气候变化应对目标至关重要。

自 IPCC 第五次评估报告以来，公约机制，以及区域和行业（部门）层面的合作进程更多地促进了国家层面的减缓行动。气候变化应对被越来越多地纳入行业部门的国际协议、多边组织和机构的关注领域，推进了低碳技术的发展和传播，也促进了可持续发展和公平。如世界气象组织牵头的，针对天气气候极端事件的 EW4ALL（人人享有早期预警），将极大地提高各国尤其是发展中国家的气候变化适应能力；环境领域关于控制臭氧消耗物质排放和空气污染排放等的协议有助于减少特定温室气体的排放；能源领域关于"人人享有的可持续能源"（SE4All）等致力于发展气候兼容型能源的行动；在农业、林业和其他土地利用（AFOLU）减少与毁林和森林退化有关温室气体排放的国际合作；在建筑领域，气候变化国际合作提出了旨在制定区域减排路线图的跨国倡议；在交通运输领域，国际合作产生了旨在解决气候问题的航空与航运业国际协议。而以协议方式推进行业国际合作将有利于行业的低碳转型，更有利于通过行业行动实现全球减排目标。

IPCC AR6 基于前述五个维度的指标，对主要合作机制进行的评估如表 7-2 所示。

表 7-2 典型国际合作机制的评估示例（IPCC，2022）

协定	环境影响	变革潜力	分配效应	经济效益	机制实力
公约	提出了稳定气候变化的目标，为发达国家设定准行动目标	建立了支持技术转移与能力建设的资金机制	建立发达国家对发展中国家提供资金支持的机制，确立附件一缔约方率先减排，限制发达国家排放		建立信息报告机制；国家应对气候变化机构的能力建设
《京都议定书》	为发达国家设立具有国际法律束力的国家目标		建立适应基金以支持发展中国家适应行动；量化减排目标仅针对发达国家	建立碳排放交易市场机制	建立排放核算和报告规则；机构能力建设
《巴黎协定》	国家自主贡献和全球盘点	能力建设以及技术开发和转让机制	深化公约下的资金支持承诺，包括提高资金透明度	建立自愿合作减排机制	强化透明度机制
其他多边协定，如《蒙特利尔议定书》、联合国可持续发展目标等	逐步淘汰具有高全球增温潜势的臭氧层消耗物质——对温室气体减排产生重大影响	臭氧基金，技术转让；分享知识与技能	将减缓纳入可持续发展目标		建立政策调整与修正机制；报告机制
多边与区域经济协定和机构	多边开发银行协调借款；将气候变化纳入国际货币基金组织主流工作；气候友好型商品和服务的贸易自由化；监管胁迫带来负面影响		优惠融资协议		争端解决机制可能带来负面影响
部门协定和机构	AFOLU、能源和交通部门的气候减缓目标和行动	致力于开发和部署零碳能源技术的机构		使用碳抵消机制减少航空业排放增长	
跨国网络和伙伴关系	青年气候行动在加快减排和削减化石燃料投资的政治和金融决策方面起到积极作用	非国家行为体就基于可再生能源的供应链作出承诺	气候正义法律倡议		提供信息交流和技术支持的城市网络

总体上，在可持续发展和公平的背景下实现将温升控制在 2℃ 的目标，需要在关键领域强化国际合作。发展中国家的国家自主贡献目标的实现需要更多的资金、技术转让和能力建设支持；行业和区域层面的全球合作需要进一步强化，目

前航空和航运等行业国际组织协定设立的减缓目标还不足以满足《巴黎协定》。某些情况下，贸易投资协定以及能源行业的协定甚至会抵消一些国家的减缓努力。太阳辐射改造和 CO_2 去除领域的国际合作正在开始，但迄今仍未能充分解决有关的跨境问题。

（4）新冠疫情使全球气候治理面临挑战和变数，但并没有改变全球合作应对气候变化的总体趋势。

新冠疫情给国际社会带来复杂深远影响，但只是暂时性地降低了全球温室气体排放。2019 年底开始的新冠疫情迅速蔓延全球，改变了全球政治经济发展前景，导致了全球经济衰退，加剧了逆全球化的倾向，全球贫富分化态势在新冠疫情之下更加严峻，传统多边合作机制无法有效应对包括传染性疾病在内的诸多全球性问题，给国际社会带来复杂深远影响。新冠疫情导致的经济停滞使全球温室气体排放出现了暂时性的降低，短期排放下降主要集中在道路运输、电力和工业部门，其中航空业的排放量降幅最大，但对整体减排的贡献较小；2020 年 4 月初全球化石燃料的 CO_2 日排放量下降了 17%；而 2020 年 1~4 月，全球化石燃料 CO_2 日排放量比 2019 年同期下降了 7.8%~8.6%，后续取决于新冠疫情的持续时间和控制措施（Le Quere et al.，2020）。对新冠疫情后排放情景的研究认为，如果各国将新冠疫情后的经济刺激计划能集中于低碳领域，将有助于实现《巴黎协定》的目标（Forster et al.，2020）。各国有机会努力走向绿色循环低碳发展，实现应对新冠疫情、经济发展和低碳建设的多赢。

应对气候变化仍然是人类社会面临的更为长期、深层次的挑战。新冠疫情是突发的、紧迫的危机，影响着人类的健康和生命，而气候变化是更为长期、深层次的挑战，威胁着人类的生存和发展。新冠疫情虽然破坏了国际社会的稳定性，并成为阻碍世界经济发展的不确定性因素，但也为各国团结合作提供了历史性机遇，通过绿色低碳发展实现经济复苏需要进一步成为各国的共识。面对新冠疫情、气候变化等重大危机，人类需要重新思考人和自然的关系，需要更加尊重自然、顺应自然、保护自然，更加重视人与自然的和谐共生，统筹当前利益和长远利益，未雨绸缪，应对全球性挑战。

7.2　全球可持续发展与气候变化应对

实现可持续发展是人类未来的共同选择，要求在经济、社会和环境三个层面实现协同增效，为实现社会、经济高质量发展与生态环境质量高水平保护提供一条绿色发展道路。2015 年联合国可持续发展峰会通过的《2030 年可持续发展议程》（以下简称"2030 年议程"）是全球到 2030 年实现可持续发展的路线图，涉及减贫、零饥饿、良好健康与福祉、优质教育、性别平等、清洁饮水与卫生设施、经济适用的清洁能源等 17 项总体目标和 169 项具体目标。在可持续发展目标（SDGs）中的 17 个目标中，提高粮食安全，保障人人享有能源、水资源及生态环境供给，强化清洁能源使用，建立抗御型城市，提高生产生态和社会的恢复力及抗灾能力等 11 个目标直接与应对气候变化的目标和行动相关联。

7.2.1　气候变化及其与应对可持续发展的关联

IPCC 第五次评估报告指出，气候变化与可持续发展存在双向互动关系，气候变化适应和减缓行动是多目标的，很难区分与可持续发展目标之间的作用，二者之间存在正向协同效应，也可能存在负向消减影响，适应和减缓气候变化政策关系着可持续发展的路径。IPCC《全球 1.5℃升温特别报告》中进一步分析了温室气体减排和可持续发展目标的关联性，从能源供给、能源消费、土地利用变化等气候减缓的角度，量化与可持续发展目标之间的协同关系（IPCC，2018）。从系统性角度考虑，可持续发展与应对气候变化二者之间既存在权衡关系，同时也存在协同关系，如能源系统、城市生态系统与可持续发展之间以协同作用为主，有利于促进应对气候变化（Nerini et al.，2018），但不合理的气候政策也可能导致气候系统的脆弱性（Irsyad et al.，2019）。就可持续发展目标具体指标而言，约有 65% 的具体指标与能源系统相关，约有 85% 的具体指标与 SDG7（经济适用的清洁能源）目标相关，其中呈现协同关系的具体指标多于权衡关系（Nerini et al.，2018）。从可持续发展目标实现的紧迫性，以及政策空白等角度来看，SDG7[①]和 SDG13（气候行动）是应当被优先考虑的目标。但气候政策与可持续发展目标不是完全一致，如沿海地区经济和人口密度的上升会增加这些地区对海平面上升、洪涝、台风等灾害的脆弱性；气候减缓行动可能增加欠发达地区的发展机会损失等（宋蕾，2018）。

《中国气候与生态环境演变：2021》中梳理了我国实现 2℃温升目标下和 SDGs 的关联。在已经识别出关联的可持续发展目标指标中，目前完成了对于 10 个直接关联指标的定量分析，如表 7-3 所示。

表 7-3　中国实现气候变化减缓 2℃目标路径下部分可持续发展目标指标的结果

关联的 SDG 指标		单位	2010 年	2015 年	2030 年
7.1.1 可获得电力的人口比例		%	—	100	100
7.1.2 主要依赖清洁燃料和技术的人口比例		%	46.1	52.7	65.9
7.2.1 可再生能源在最终能源消费总量中所占比例		%	10.5	15.7	27.0
7.3.1 以一次能源和国内生产总值衡量的能源强度		t oe/10^6 美元（2005 年）	501	387	185
8.1.1 实际人均 GDP 年均增长率		%	17.7	11.1	6.2
8.4.2 国内资源消耗量、人均国内资源消耗量、每 GDP 国内资源消耗量		t/10^6 美元（2005 年）	638	523	135
		t/人	2.08	2.65	1.74
9.1.2 按运输方式划分的客运量和货运量	公路客运	10^9 人·km	3980	5339.5	10634
	铁路客运		752	912	1385
	航空客运		360.4	606.8	1841.9
	水路客运		7	7	7
	公路货运	10^9 t·km	3565	5209	10713
	铁路货运		2692	3347.5	5576
	航空货运		12	20.5	70
	水路货运		7949	10122.5	18136
	管道货运		209	430	1540
9.4.1 单位增加值 CO_2 排放量		kg CO_2/美元（2005 年）	1.92	1.23	0.44
12.2.2 国内资源消耗量、人均国内资源消耗量、每 GDP 资源消耗量		t oe/10^6 美元（2005 年）	457	335	135
		t oe/人	1.49	1.69	1.74
12.5.1 全国回收率，资源回收量		10^6 t	—	1142.9	1314.4

---

① 确保所有人都能获得负担得起的、可靠的、可持续的现代能源。

消除贫困是全球可持续发展的首要目标，而气候变化将加剧人类和社会生态系统广泛的、严重的和不可逆影响的风险，导致低收入、中等收入甚至高收入国家出现新的贫困人口。应对气候变化的不利影响，加强生态建设本身是中国政府推进脱贫攻坚的重要举措。党的十八大以来，清洁能源扶贫是我国一项重要的扶贫政策。碳达峰、碳中和目标对煤炭等高能耗和高污染行业影响深远，带来失业或职工收入下降。如果促进再就业和社会保障措施不到位，可能出现新的贫困人口。但同时，促进公正转型，发展绿色低碳产业也为农村地区脱贫致富带来新的机遇。2014～2019 年，全国累计建成 2636 万 kW 光伏扶贫电站，惠及近 6 万个贫困村、415 万贫困户，每年可产生发电收益约 180 亿元，相应安置公益岗位 125 万个。2017～2019 年，国家累计安排中央预算内投资 13 亿元，建设农村水电扶贫电站装机 32.4 万 kW，已有 3 万多建档立卡贫困户受益于我国水电的发展，对于提高农村贫困地区的收入和电力水平作出了巨大贡献。中国减贫方面的成就在全球首屈一指，截至 2020 年底，在现行标准下 9899 万农村贫困人口全部脱贫，对全球减贫贡献率超过 70%。

气候恢复力（resilience）已经成为气候变化风险管理的一个重要理念。具备气候恢复力的社会–生态系统应能吸收气候变化带来的外部压力并保持系统的正常运作。强化气候变化相关的风险管理能力建设需要建立起更具全局性、更精细化和更广泛参与的灾害风险管理模式，这本身就是实现可持续发展的应有之义。

大气污染影响人类的健康福祉。气候变化与空气污染之间的交互作用威胁人类健康。一方面气候变化增加高温热浪的频率和强度，而高温与颗粒物污染的交互作用可以引起人类一系列的心肺系统健康问题。除了高温的影响，低温也表现出与颗粒物的协同作用，增加心血管系统疾病和呼吸系统疾病死亡风险。此外，气候变化可能会通过增加臭氧的主要前体物浓度而加速臭氧的生成，威胁人群健康。应对气候变化与大气污染治理有明显的协同效应。大气污染物和温室气体同根同源，在多数情况下，化石燃料燃烧是空气污染的主要原因，也是产生温室气体排放的源头。实现应对气候变化与大气污染治理协同效益的主要途径是力争从源头减少化石能源使用，提高能源利用效率和优化能源结构，这将带来巨大的气候、环境和健康等方面的协同效益。根据生态环境部环境规划院发布的《中国城市二氧化碳和大气污染协同管理评估报告（2020）》，2015～2019 年，全国 335 个地级行政单位和直辖市中约有 1/3 的城市实现了 CO_2 与主要大气污染物的协同减排。

减少不平等是实现可持续发展的重要目标之一。公平一直是气候变化的核心问题和基本原则，涉及代际公平和代内公平，是实现全球可持续发展的关键。IPCC AR5 强调，评估气候政策应以可持续发展和公平为基础，公平是国际气候合作的重要基石。全球气候治理中各方都承认公平和平等的重要性，但对于何为公平、如何在国际制度的建设和发展中体现公平等问题往往存在很大的分歧。针对《巴黎协定》"自下而上"的减排模式，不同国际机构对减排差距和各国国家自主贡献力度的评估结果反映了不同的公平理念。一部分人认为不同国家之间的边际减排成本差异巨大，中国的减排目标依然有较大的提升空间。而中国学者的分析证明中国对全球减排作出了重要贡献，就西方对中国国家自主贡献的曲解提出了反驳。后巴黎时代围绕全球盘点，提高行动力度，强化向发展中国家提供支持的机制和措施等问题，公平依然是大国博弈的焦点。在《巴黎协定》目标下，实现碳中和目标意味着深刻的社会经济转型，公正转型问题受到高度关注。实现碳中和目标，不仅需要能源系统转型，实现零排放甚至负排放，而且各部门各行业都必须尽快实现碳达峰，尽可能深度减排。其中，对煤炭及相关产业的影响首当其冲，包括受影响的弱势群体的生计问题。促进公正转型已成为各国应对气候变化战略的重要组成部分。

7.2.2　全球长期减排的趋势与碳中和

实现碳达峰和碳中和已经并将长期是全球应对气候变化的最终目标，同时也将是推动可持续发展的"助力器"。实现碳中和需要社会经济系统、能源系统和技术系统等领域作出明显转型，需要通过转变经济增长方式和社会消费模式、调整产业结构、推动技术创新、节能提效减排和优化能源结构，在保持经济持续发

展的同时确保 CO_2 的排放量不再增加。

IPCC《全球 1.5℃升温特别报告》指出，要实现 2℃温升水平，全球 2030 年排放相对于 2010 年要减少约 20%，在 2075 年左右实现近零排放；1.5℃温升水平下减排力度要在此基础上大大提高，包括非 CO_2 排放，其中要求全球 2030 年相对于 2010 年减排约 45%，在 2050 年左右实现净零排放，CH_4 和黑碳 2050 年排放相比 2010 年需下降 35%以上。2021 年发布的 IPCC AR6 第一工作组报告指出，剩余碳预算在 1.5℃温升目标下，2020 年后分别为 5000 亿 $t\,CO_2$（50%可能性）及 4000 亿 $t\,CO_2$（67%可能性）；在 2℃温升目标下，分别为 13500 亿 $t\,CO_2$ 和 11500 亿 $t\,CO_2$。第三工作组报告的结论与 IPCC《全球 1.5℃升温特别报告》一致，并进一步指出当前全球减排力度无法将全球变暖控制在不超过工业化前 1.5℃以内，必须尽快加强减缓气候变化行动，除需要实现 CO_2 的深度减排外，全球还需大力控制非 CO_2 温室气体（特别是 CH_4）排放。

根据 IPCC AR6 的评估，目前全球温室气体排放的现实路径与《巴黎协定》所确定的 1.5℃和 2℃目标要求的路径存在较大的差距。IPCC AR6 第三工作组报告指出，在气候变化应对进程的推进下，全球温室气体排放的平均增速总体上低于上一个十年（2000～2009 年），但 2010～2019 年全球温室气体的绝对排放量仍在持续增加。人类活动在 1850～2019 年的累积排放量是 2.4 万亿 $t\,CO_2$，其中 58%是在 1990 年前排放的。2020 年全球 CO_2 排放量比 2019 年降低 5.8%，其主要原因是受新冠疫情的影响，并没有扭转全球温室气体排放绝对量增加的总体趋势。自 2010 年以来，人为温室气体净排放量的增加来自全球几乎所有的主要行业，且越来越多的排放可以归因于城市地区。全球化石能源使用和工业过程中因国内生产总值（GDP）能源强度和能源碳强度提高而减少的 CO_2 排放量不及工业、能源供应、交通运输、农业和建筑活动水平上升而增加的排放量。自 IPCC AR5 以来，低排放技术快速发展且成本逐渐下降，围绕减缓行动制定的政策和法律不断增加，为实现《巴黎协定》目标而设立的气候资金逐步发展，总体上这些进展为全球减排提供了支持，但减排成效在全球各地区和行业部门之间的分布并不均匀。如果采用正确的政策，改进基础设施和技术，改变高碳的生活方式和行为，可以使得 2050 年温室气体排放量减少 40%～70%。能源生产和需求部门可贡献全球约 3/4 的 CO_2 减排潜力，从而实现深度减排。要将全球变暖控制在不超过工业化前 1.5℃以内，到 2050 年全球对煤炭、石油和天然气的使用量需在 2019 年基础上分别下降 95%、60%和 45%；要将全球变暖控制在不超过工业化前 2℃以内，到 2050 年全球对煤炭、石油和天然气的使用量需在 2019 年基础上分别下降 85%、30%和 15%。

随着国际社会对气候变化及其影响应对共识程度的加深，越来越多的国家加入实现碳中和相关气候行动的队伍。2017 年 12 月 29 个国家在"同一个地球"峰会上签署了《碳中和联盟声明》，做出了 21 世纪中叶实现零碳排放的承诺；2019 年 9 月联合国气候行动峰会上，66 个国家承诺碳中和目标，并组成气候雄心联盟；2020 年 5 月，449 个城市参与由联合国气候领域专家提出的零碳竞赛。截至 2020 年 6 月 12 日已有 125 个国家承诺了 21 世纪中叶前实现碳中和的目标。其中，不丹和苏里南已经实现了碳中和目标，英国、瑞典、法国、丹麦、新西兰、匈牙利六国将碳中和目标写入法律，欧盟、西班牙、智利和斐济 4 个国家和地区提出了相关法律草案。《巴黎协定》鼓励各缔约方在 2020 年底前在国家自主贡献框架下提交各自的长期低排放发展战略（LTS），截至 2020 年 11 月 10 日，已有 19 个国家向 UNFCCC 提交了 LTS 文件，其中 11 个国家的 LTS 不同程度地承诺了碳中和目标，而 2020 年后欧盟、斯洛伐克、新加坡、南非、芬兰提交的 5 份 LTS 均提出了碳中和目标，实现碳中和目标正在成为各国长期减排战略中备受关注的内容。2020 年 9 月中国政府宣布将提高国家自主贡献力度，力争使二氧化碳排放于 2030 年前达到峰值，并努力争取在 2060 年前实现碳中和。

虽然目前多数国家的碳中和承诺仍缺少支撑其具体落实的政策文件，其预期可执行程度和力度存在较大差异，长期减排成本的不确定性仍然是影响各国雄心程度的关键因素，但中国、欧盟、英国等国家的碳中和目标宣示，对国际社会推进全球应对气候变化具有非常积极的意义，代表了未来气候变化应对行动的长期趋势。

7.2.3　气候变化适应制度构建的挑战

应对气候变化需要减缓和适应并重，尤其是对于发展中国家而言，提升气候变化适应的能力可能更为迫切。适应是指通过强化对自然生态系统和经济社会系统风险识别与管理，因地制宜采取趋利避害的具体行动和措施，减轻气候变化已经和可能产生的不利影响和潜在风险。气候变化影响和风险具有显著的区域特征，结合区域实际采取切实有效的适应行动能够降低气候变化对国家和地区的不利影响和风险，对于保障经济社会发展和生态环境安全更加具有现实迫切性（刘硕等，2023）。

相比于气候变化减缓，量化评估或盘点适应未来需求存在较大的困难。这些困难体现在如何制定具有可比性的适应目标、设置可度量的监测评估指标、科学完整识别全球适应关键含义等方面。发达国家向发展中国家提供适应支持的履约情况，是发展中国家的一个重大关切，但由于缺少系统完善的监测方法和指标体系，难以评估发达国家向发展中国家提供的包括资金、技术和能力建设在内的适应支持的真实水平及其与发展中国家实际需求之间的差距。这导致各方无法快速准确掌握公约机制下全球适应行动支持现状、资金流向和未来需求的信息，降低了各方对全球适应目标认识的统一性和进展分析的可靠性、增加了识别发达国家出资义务缺口的难度。2021 年在公约框架下启动了"格拉斯哥-沙姆沙伊赫全球适应目标工作方案（GGA 工作方案）"，旨在通过系统构建适应总体概念和适应行动监测评估系统，提高全球适应行动实施力度、增强适应行动有效性及加大支持力度。2022 年举行的公约第 27 次缔约方大会（COP27）针对 GGA 提出了新的概念性技术框架，但如何将国家层面的概念、数据、方法和指标融入全球适应治理体系，仍缺少系统方案设计。

总体而言，对适应问题的探讨更倾向于推动有利于本国发展的适应行动。这意味着国家层面综合适应能力的提升将为未来参与国际气候治理、获取新的制高点提供有效支撑。从 COP27 全球适应目标谈判进展、适应资金占比和适应进展评估工具使用情况看，全球适应目标与行动难以落实的关键在于概念、方法、指标等技术性障碍，特别是发展中国家对于追踪资金来源和流向的方法、气候治理关键术语的统一认识等还存在较大差异。如何在共同但有区别的责任原则及各自能力原则指导下，通过国家、行业和地方等多维度的实践经验，不断增强科学认知，从而制定既满足本国适应能力提升需求，又有助于国际气候治理规则制定的方案，将成为未来谈判与科学研究占据有利制高点的重要抓手。

7.3 构建人类命运共同体合作应对气候变化

党的十九大报告提出，中国要"积极参与全球治理体系改革和建设，不断贡献中国智慧和力量"，也特别提到"坚持环境友好，合作应对气候变化，保护人类赖以生存的地球家园"。应对气候变化是人类社会面临的共同挑战，在这个事关全人类共同利益的问题上，各国具有共同的合作意愿、合作空间和利益交汇点，但也存在复杂的矛盾和各国及国家利益集团间的博弈。全球气候治理的核心是以实现全球共同利益为出发点，照顾各方关切并找到各方利益的契合点，促进公平正义、合作共赢的全球气候治理制度建设，实现气候保护与人类经济社会可持续发展的共赢，对这一进程的参与本身就是中国在全球治理进程中践行新时代构建相互尊重、公平正义、合作共赢国际关系的积极探索和实践。气候变化问题是人类社会面临的最具挑战的国际和代际外部性问题，中国倡导的"人类命运共同体"概念也超越了仅限于一国政策优先领域的常规决策视野，力促国际社会形成相互依存的共同义利观，努力从社会价值角度重塑全球化的伦理基石。

7.3.1 全球治理体系面临的挑战

德国政治家勃兰特于 1990 年提出了"全球"治理概念，从起源于 19 世纪而崩溃于第一次世界大战前的"欧洲协调"（European Concerts），到维也纳体系确立的欧洲封建统治秩序和国际秩序，再到凡尔赛—华盛顿体系确立的帝国主义殖民统治体系，再到雅尔塔体系确立的"大国一致原则"和布雷顿森林体系确立的国际金融秩序，再到以《联合国宪章》宗旨和原则为核心的国际秩序，总体上是从西方治理向全球治理的演进过程（张簋和李桂花，2020）。

相较于构建的初期，目前以联合国体系为代表的多边治理体系在理念和实践层面都面临多重挑战。首先是随着时代的变化，发展中国家和新兴经济体在国际事务中的影响力不断提升，对传统的全球治理格局形成了重大挑战。由美国主导建立的"一超多强"的国际体系，客观上特别强调大国在国际事务中的主导性作用，主张通过制度的约束和权力政治思维解决全球性问题，未对广大发展中国家的权利和诉求给予足够的重视，限制了发展中国家参与全球治理的主观能动性和积极性，造成了治理体系逐渐走向单一化和排他化（岳圣淞，2020）。根据张簋和李桂花（2020）的分析，现行全球治理体系面临的问题首先是体系的失衡，新兴发展中国家和经济体长期处于被边缘化的地位，第三世界国家与欧美发达国家在经济体量、议程制定和谈判能力的国家影响力层面客观上存在巨大差异，导致现行全球治理体系的代表性、结构性和有效性饱受争议。另外，欧美在全球治理进程中提供全球公共产品供给的能力、政治公信力和影响力在减弱，其主导的全球治理效能在降低。全球治理参与主体之间的矛盾，包括欧美发达国家与发展中国家和地区在全球重大议题责任义务标准划定上的分歧，以及欧美发达国家之间在全球治理中的矛盾，严重影响了全球治理的整体进程和有效性。单边主义、保护主义的盛行进一步对既有的多边国际秩序构成了严峻挑战，严重扰乱了全球治理机制的正常运行。

应对全球气候变化、流行性疾病和难民危机等复杂的新型全球性挑战无法依靠少数国家的力量得到解决。信息化时代的到来强化了国家和经济体之间的相互依存，传统与非传统的全球性挑战与日俱增，国际与国内政治间的界限日益模糊，传统的全球治理模式已经难以维系（岳圣淞，2020）。

7.3.2　人类命运共同体理念的提出

2011 年《中国的和平发展》白皮书首次提出了"利益共同体"和"命运共同

体"概念。白皮书指出"中国同各国和各地区建立并发展不同领域、不同层次的利益共同体，推动实现全人类的共同利益，共享文明进步的成果""国际社会要以命运共同体的新视角，以同舟共济、合作共赢的新理念，寻求多元文明交流互鉴的新局面，寻求人类共同利益和共同价值的新内涵，寻求各国合作应对多样化挑战和实现包容性发展的新道路"。

2012 年 11 月，党的十八大报告中首次出现了"人类命运共同体"的概念，并对其内涵进行了阐释，指出"要倡导人类命运共同体意识，在追求本国利益时要兼顾他国合理关切，在谋求本国发展中促进各国共同发展，建立更加平等均衡的新型全球发展伙伴关系，同舟共济、权责共担，增进人类共同利益"。2015 年 9 月，国家主席习近平在第七十届联合国大会一般性辩论中发表了题为《携手构建合作共赢新伙伴，同心打造人类命运共同体》的重要讲话，从政治、安全、经济、文化和生态五个主要方面全面阐述了构建人类命运共同体的总体框架和实践路径。2017 年 1 月，国家主席习近平在联合国日内瓦总部发表了题为《共同构建人类命运共同体》的主旨演讲，进一步提出"对话协商，共建共享，合作共赢，交流互鉴和绿色低碳"五个构建人类命运共同体的基本原则。人类命运共同体思想理念不断发展升华，并向区域合作、文化建设、环境保护等领域延伸，"推动构建新型国际关系，推动构建人类命运共同体"成为中国特色大国外交的总目标，列入新时代中国特色社会主义发展的基本方略。

面对国际政治、经济、安全、健康卫生等领域的共同挑战，只有把各国自身利益与全球共同利益紧密融合，国际社会才能找到战胜挑战、实现共同发展的正确路径。张鹭和李桂花（2020）分析认为，"人类命运共同体"从国际秩序、经济治理、安全治理及生态治理四个方面对全球治理的共同利益作出了深刻诠释。其中，在国际秩序层面，构建"人类命运共同体"的理念倡导推动构建相互尊重、公平正义、合作共赢的新型国际关系，以及以践行《联合国宪章》为核心的新型国际政治秩序，秉承共商、共建、共享的全球治理理念，推动打造由各国共同书写国际规则、共同治理全球事务、共同掌握世界命运的人类命运共同体，在共同发展中最大限度地实现各方利益的最大公约数（刘同舫，2018）。

建立以合作共赢为特征的新型国际经济秩序，实现共同繁荣是各国在经济治理层面的共同利益。"人类命运共同体"所倡导的"促进贸易和投资自由化便利化，推动经济全球化朝着更加开放、包容、普惠、平衡、共赢的方向发展"，将极大地有助于形成各国共同维护、共同发展、共同受益、更为开放的世界经济和贸易格局，通过更为普惠的制度体系，打造互利共赢的利益共同体。

实现综合安全是各国在安全治理上的共同利益。"人类命运共同体"倡导的共同、综合、合作、可持续的全球安全观，为各国"坚持以对话解决争端、以协商化解分歧，统筹应对传统和非传统安全威胁"，共同铸就共建、共享、共赢的安全格局提供了新的思路。

建立人与自然和谐共生的全球生态治理体系是各国在生态治理上的共同利益。"人类命运共同体"的出发点是实现人类当代后和后代的可持续发展，倡导建立人与自然和谐共生的全球生态治理体系，旨在推动形成更体现公平、更行之有效的全球生态治理方案。

徐步（2021）认为，构建人类命运共同体既是历史发展的必然要求，也是国际社会应对共同挑战的现实需要。在思想和文化根源层面，"构建人类命运共同体"根植于中国传统文化中"和合""天下大同""协和万邦"的理念，与中华优秀传统文化一脉相承。中国坚持通过维护世界和平发展自己，又通过自身发展维护世界和平，推动人类命运共同体的构建符合中国对自身历史、现实、未来的客观判断。"构建人类命运共同体"倡导建立相互尊重、公平正义、合作共赢的新型国际关系，这符合世界上绝大多数国家和人民的期望。

7.3.3　中国关于全球气候治理的理念

实现对全球气候的有效治理体现的是全人类的共同利益，积极参与全球气候治理体系建设是中国践行人类命运共同体理念的一个重要实践。根据目前的研究理论，全球任何一个地方排放进入大气的温室气体都会对全球温室效应有贡献，进而影响气候系统，气候变化问题的成因、影响，以及采取减排措施产生的效益均是全球性的，所有国家都无法置身事外，在全球应对气候变化领域，世界各国之间是一种典型的共生关系（戴铁军和周宏春，2022）。中国在参与全球气候治理的长期实践中，已经形成了系统的全球气候治理观，它以合作共赢、公平合理为核心要义，包含中国传统文化关于社会正义的思想、中国国际关系理论、新型国际关系与人类命运共同体的理念（薄燕，2019）。

构建人类命运共同体为中国推动全球气候治理提供了更高层次的理念基础，也为全球气候治理提供了中国的理念、话语、路径和愿景（李慧明，2018）。在应对气候变化带来的全球挑战方面，各国具有合作的政治意愿、合作空间和共同利益，但由于不同国家和国家集团在发展阶段、发展理念和现实国情等方面存在差异，在全球气候治理的核心制度构建过程中也存在复杂的矛盾和博弈，是人类社会面临的最具挑战的国际和代际外部性问题。中国积极、建设性参与全球治理和多边进程，倡导合作共赢、公平正义、共同发展的全球气候治理新理念，把合作应对气候变化视为推动包括自身在内的各国可持续发展的重要机遇，为推进《巴黎协定》的达成作出了积极贡献。

2020年9月国家主席习近平在第七十五届联合国大会一般性辩论上的讲话指出，人类需要一场自我革命，加快形成绿色发展方式和生活方式，建设生态文明和美丽地球。中国关于全球气候治理的主张系统体现在2021年4月国家主席在领导人气候峰会的讲话中，包括"六个坚持"。其中，在全球气候治理的理念层面，强调要坚持人与自然和谐共生，尊重自然、顺应自然、保护自然，推动形成人与自然和谐共生新格局。强调要坚持多边主义，以国际法为基础、以公平正义为要旨、以有效行动为导向，维护以联合国为核心的国际体系，遵循公约及其《巴黎协定》的目标和原则，努力落实2030年可持续发展议程。强调坚持共同但有区别的责任原则是全球气候治理的基石，充分肯定发展中国家应对气候变化所作贡献，照顾其特殊困难和关切，展现发达国家更大雄心和行动，切实帮助发展中国家提高应对气候变化的能力和韧性，为发展中国家提供资金、技术、能力建设等方面支持，避免设置绿色贸易壁垒，帮助他们加速绿色低碳转型。

党的十九大提出新时代中国特色社会主义现代化建设目标、基本方略和宏伟蓝图，强调要始终把为人类作出新的更大贡献作为自己的重要使命。党的十九大报告把气候变化列为全球重要的非传统安全威胁和人类面临的共同挑战。中国在《巴黎协定》达成、签署和生效进程中展现出的国际领导力有目共睹。从当前到21世纪中叶是落实联合国气候变化《巴黎协定》、实现全球控制温升不超过 2℃目标的关键时期，中国要以构建人类命运共同体的理念为指引，以多方协作、包容互鉴和合作共赢的方式，引领和促进各国独立或合作解决应对气候变化问题，在为全球应对气候变化提供中国智慧和中国方案的同时，为地球生态安全和全人类共同发展作出与中国综合实力和国际影响力相称的贡献。这是中国积极参与应对全人类共同挑战，与国际社会一道共同化解全球性风险领域的具体举措，也是提高中国国际影响力和国家软实力、助力构建和平稳定的国际秩序、实现维护国家自身利益与世界共同利益的战略选择。

2021 年 10 月中国政府发布的《中国应对气候变化的政策与行动》进一步将中国应对气候变化的新理念集中表述为五个方面。一是牢固树立共同体意识，坚持共建人类命运共同体，呼吁世界各国应该加强团结、推进合作，携手共建人类命运共同体，承诺中国将站在对人类文明负责的高度，积极应对气候变化，构建人与自然生命共同体，推动形成人与自然和谐共生新格局。二是要贯彻新发展理念，立足新发展阶段，秉持创新、协调、绿色、开放、共享的新发展理念，加快构建新发展格局；承诺中国将摒弃损害甚至破坏生态环境的发展模式，顺应当代科技革命和产业变革趋势，抓住绿色转型带来的巨大发展机遇，以创新为驱动，大力推进经济、能源、产业结构转型升级，推动实现绿色复苏发展，让良好生态环境成为经济社会可持续发展的支撑。三是强调以人民为中心，指出应对气候变化关系最广大人民的根本利益，中国将坚持人民至上、生命至上，探索应对气候变化和发展经济、创造就业、消除贫困、保护环境的协同增效，在发展中保障和改善民生，在绿色转型过程中努力实现社会公平正义，增加人民获得感、幸福感、安全感。四是大力推进碳达峰碳中和，中国将碳达峰、碳中和纳入经济社会发展全局，坚持系统观念，统筹发展和减排、整体和局部、短期和中长期的关系，以经济社会发展全面绿色转型为引领，以能源绿色低碳发展为关键，加快形成节约资源和保护环境的产业结构、生产方式、生活方式、空间格局，坚定不移走生态优先、绿色低碳的高质量发展道路。五是实现减污降碳协同增效，中国将把握污染防治和气候治理的整体性，以结构调整、布局优化为重点，以政策协同、机制创新为手段，推动减污降碳协同增效一体谋划、一体部署、一体推进、一体考核，协同推进环境效益、气候效益、经济效益多赢，走出一条符合国情的温室气体减排道路。

7.3.4 应对气候变化助力构建人类命运共同体

中国是世界上最大的发展中国家。中国基于自身实现可持续发展的内在要求和推动构建人类命运共同体的责任担当，以切实的行动推进生态文明建设，积极应对气候变化，成为全球气候治理的重要参与者、贡献者和引领者。

实际上自"十二五"开始，中国就将二氧化碳的减限排要求作为约束性指标纳入了国民经济和社会发展规划纲要，要求切实降低碳排放强度。作为约束性指标，"2025 年单位 GDP CO_2 排放量较 2020 年降低 18%"被纳入中国"十四五"规划和 2035 年远景目标纲要，并开展了对各省温室气体排放控制目标落实情况的责任考核。根据有关的统计，2020 年中国碳排放强度比 2015 年下降了 18.8%，比 2005 年下降了 48.4%，超额完成了"十三五"确定的约束性目标，实现了向国际社会承诺的到 2020 年碳排放强度下降 40%～45%的目标，累计少 CO_2 排放约 58 亿 t，总体上控制住了 CO_2 排放快速增长的局面。

2020 年 9 月 22 日，中国国家主席习近平宣布中国将提高国家自主贡献力度，力争 CO_2 排放量在 2030 年前达到峰值，并努力争取在 2060 年前实现碳中和。到 2030 年，中国单位 GDP CO_2 排放将比 2005 年下降 65%以上，非化石能源占一次能源消费比重将达到 25%左右，森林蓄积量将比 2005 年增加 60 亿 m³，风电、太阳能发电总装机容量将达到 12 亿 kW 以上。相比 2015 年提出的国家自主贡献目标，这一承诺对碳排放强度削减进程和幅度的要求更为迫切，非化石能源占一次能源消费比重增加了 5%，同时增加了非化石能源装机容量目标，提出了森林蓄积量将再增加 15 亿 m³，并进一步明确了将争取在 2060 年前实现碳中和的长期目标。

2021 年，中国宣布不再新建境外煤电项目，进一步展现中国与国际社会一道积极应对气候变化的决心和实际行动。

实现碳达峰、碳中和面临着极大的挑战，是中国基于中国的现实国情和长远发展作出的重大战略决策。努力到 2060 年前实现碳中和实际上就是要努力实现以 1.5℃目标为导向的长期深度脱碳转型路径，对于中国自身而言，其是着力解决资源环境约束突出问题、实现中华民族永续发展的必然选择，对于国际社会而言，其是中国推进构建人类命运共同体的庄严承诺，是中国坚持生态优先、绿色低碳循环发展理念的具体行动，将为全球低碳发展转型提供中国经验。应该强调的是，中国从 CO_2 排放达峰到碳中和过渡期只有 30 年时间，这意味着中国需要实现更大规模的能源消费和经济转型，以尽可能少的资源和能源消耗来实现经济社会的高质量发展，这是一个需要努力才能达成的目标。以能源系统为例，将需要在 2050 年前建成一个以新能源和可再生能源为主体的、可持续支撑社会经济系统稳定运行的"净零排放"能源体系，这将要求非化石能源在整个能源体系中的占比达到 70%～80%，意味着艰巨的能源转型发展任务。因此，中国 2021 年 11 月发布《中国应对气候变化的政策与行动》白皮书指出，实现碳达峰、碳中和是中国深思熟虑作出的重大战略决策。

根据新时代社会主义现代化建设两个阶段的目标，2020～2035 年是中国基本实现社会主义现代化的第一阶段，要实现生态环境的根本好转，并基本实现美丽中国的建设目标。在这一阶段，中国将立足于国内可持续发展的内在需求，实现资源节约、环境治理、能源安全与碳减排的协同效应，不断强化低碳转型的目标导向。争取在 2030 年之前实现二氧化碳排放峰值目标，这也将为中国 2035 年后以实现碳中和为目标的减排进程奠定基础。

2035～2050 年处于中国建成社会主义现代化强国的第二阶段。在这一阶段，中国将处于从实现碳达峰目标向实现碳中和目标迈进的关键时期。依据相关测算，年减排率需达到 4% 以上。中国在这一阶段应对气候变化的目标与战略将更多地考量实现全球减排目标及路径的需求，为全球生态安全作出与中国综合国力、国际地位和国际影响力相匹配的更大贡献。中国需要以全球 21 世纪中叶后近零排放的目标为导向，确定 2050 年温室气体排放较峰值年份大幅下降的减排目标、路径及行动举措。以科技创新为引领，推动能源资源与经济社会发展向低碳转型加速迈进。到 2050 年，中国要基本构建起以新能源和可再生能源为主体的新型能源体系，实现气候友好型的低碳发展，为全球实现应对气候变化与可持续发展的双赢目标贡献中国方案、中国智慧和中国经验，进而引领全球能源变革与经济转型。

气候变化给人类带来的挑战是切实存在、极为严峻且影响深远的。实现"碳达峰、碳中和"的进程将是一场广泛且影响深远的经济社会系统大变革，必然会引发人类社会发展范式的全面转型，从根本上改变人类自工业革命以来所形成的生产生活方式。如今，我们已经处于这一难以逆转的历史进程中。

参 考 文 献

薄燕. 2019. 中国全球气候治理观的要义, 基础与实践. 当代世界, 2019(12): 7. DOI: CNKI:SUN: JSDD. 0.2019-12-011.

戴铁军, 周宏春. 2022. 构建人类命运共同体、应对气候变化与生态文明建设. 中国人口·资源与环境, (1): 1-8.

蒋含颖, 高翔, 王灿. 2022. 气候变化国际合作的进展与评价. 气候变化研究进展, 18(5): 591-604.

李慧明. 2018. 构建人类命运共同体背景下的全球气候治理新形势及中国的战略选择. 国际关系研究, 4: 18. DOI: CNKI:SUN:GGXY.0.2018-04-001.

刘硕, 李玉娥, 王斌, 等. 2023. COP27 全球适应目标谈判面临的挑战及中国应对策略. 气候变化研究进展, 19(3): 389-399.

刘同舫. 2018. 构建人类命运共同体对历史唯物主义的原创性贡献. 中国社会科学, 7.

清华大学气候变化与可持续发展研究院等. 2021. 中国长期低碳发展战略与转型路径研究: 综合报告. 北京: 中国环境出版集团.

宋蕾. 2018. 气候政策创新的演变: 气候减缓、适应和可持续发展的包容性发展路径. 社会科学, 3: 12.

宋秀琚, 余姣. 2018. 十八大以来国内学界关于中国参与全球治理的研究述评. 社会主义研究, 6.

徐步. 2021. 构建人类命运共同体是时代要求历史必然. 学习时报.

岳圣淞. 2020. 话语、理念与制度创新: "人类命运共同体"视角下的全球治理. 战略决策研究, 1.

张雅欣, 罗荟霖, 王灿, 等. 2021. 碳中和行动的国际趋势分析. 气候变化研究进展, 17(1): 88-97.

张骛, 李桂花. 2020. 人类命运共同体视域下全球治理的挑战与中国方案选择. 社会主义研究, 1.

Cames M, Harthan R O, Füssler J, et al. 2016. How additional is the clean development mechanism. Analysis of the Application of Current Tools and Proposed Alternatives.

Forster P M, Forster H I, Evans J, et al. 2020. Current and future global climate impacts resulting from COVID-19. Nature Climate Change, 10: 971.

IPCC. 2022: Summary for Policymakers//Climate Change 2022: Mitigation of Climate Change. Contribution of Working Group III to the Sixth Assessment Report of the Intergovernmental Panel on Climate Change. Cambridge, UK and New York, NY, USA: Cambridge University Press.

Kuriyama A, Abe N. 2018. Ex-post assessment of the Kyoto Protocol-quantification of CO_2 mitigation impact in both Annex B and non-Annex B countries. Applied Energy, 220: 286-295.

Le Ouere C. 2020. During the COVID-19 forced confinement. Nature Climate Change, 10: 647-653.

Nerini F F, Tomei J, To L S, et al. 2018.Mapping synergies and trade-offs between energy and the Sustainable Development Goals. Nature Energy, 3: 10-15.

Spalding-Fecher R, Achanta A N, Erickson P, et al. 2012. Assessing the impact of the clean development mechanism//Report commissioned by the High Level Panel on the CDM Policy Dialogue. Bonn: United Nations Framework Convention on Climate Change.